TECHNIK
MACHINES
The Builder's Secret Book

BUILD A LEGO® MODEL
■ CARTESIAN ROBOT ■

D. A. ALINDOGAN

TECHNIK MACHINES
The Builder's Secret Book - BUILD A LEGO® MODEL Cartesian Robot.
Copyright©2023 by D.A. Alindogan

All rights reserved. No part of this work may be reproduced or transmitted in any form or by any means, electronic or mechanical, including photocopying, recording, or by any information storage or retrieval system, without the prior written permission of the copyright owner and the publisher.

ISBN-10: 1737426315
ISBN-13: 978-1-7374263-1-8

Publisher: Mechabuilder
Cover & Interior Design: D. A. Alindogan

Mechabuilder, the Mechabuilder logo, and Technik Machines are trademarks of Mechabuilder LLC. Other products and company names mentioned herein may be the trademarks of their respective owners. Rather than use a trademarked name, we are using the names only in an editorial fashion and to the benefit of the trademarked owner, with no intention of infringement of the trademark.

LEGO®, Mindstorms®, Spike Prime®, Technic™ are trademarks of the LEGO® Group, which does not sponsor, authorize, or endorse this book.

The information contained in this book is distributed on an "As Is" basis, without warranty. While every precaution has been taken in the preparation of this work, neither the author nor Mechabuilder LLC shall have any liability to any person or entity with respect to any loss or damage caused or alleged to be caused directly or indirectly by the information contained in it.

INTRODUCTION

TECHNIK MACHINES | **The Builder's Secret Book**, is an introduction on "real-world" machines using LEGO® Technic™, Mindstorms®, and Spike Prime® elements. This book establishes basic concepts of how machines are put together but more importantly helps builds mental muscle of the "why" certain things were designed the way they were. Although, LEGO® is considered by most people as only a toy, its vast catalog of different elements or parts have transformed it with its own ecosystem that you can build almost anything and its only limitation is the toys' material design tolerance and your own imagination.

Play Well | Ole Kirk Christiansen, who founded LEGO®, always had the idea that toys are the keys to unlocking creativity, and it's no surprise he chose the LEGO® name, which come from the Danish phrase *leg godt*, meaning "play well" which can also be reinterpreted as "play smart". Creativity is what powers life, and using your creative powers and buildings things with your hands also leads to new paths of ideas and discoveries that may go beyond the original design that you the builder can only imagine.

Tip | The book is divided by sub assembly and is color coded for easier recollection. The parts needed to build this LEGO® Technic™ machine are listed on the back pages. All the parts needed are common LEGO® Technic™ parts and can be acquired through 3rd party sellers or by purchasing Mindstorms® or Spike Prime® sets.

Rabbit Hole | I have intentionally not included any programming tutorials or examples in this book. Although, programming this machine is needed to see its full potential, I think it is best left for you the builder to pursue programming it on your own as there are many programming languages available that you can choose. If this book is for a STEM class, it is likely the teacher will introduce their own programming concept or their students will devise their own programming that is applicable and appropriate for their class project.

CONTENTS

FRAME ASSEMBLY 1

DRIVETRAIN ASSEMBLY 23

X-DRIVE ASSEMBLY 39

Z-DRIVE ASSEMBLY 79

Y-DRIVE ASSEMBLY 103

JIG ASSEMBLY 123

FINAL ASSEMBLY 135

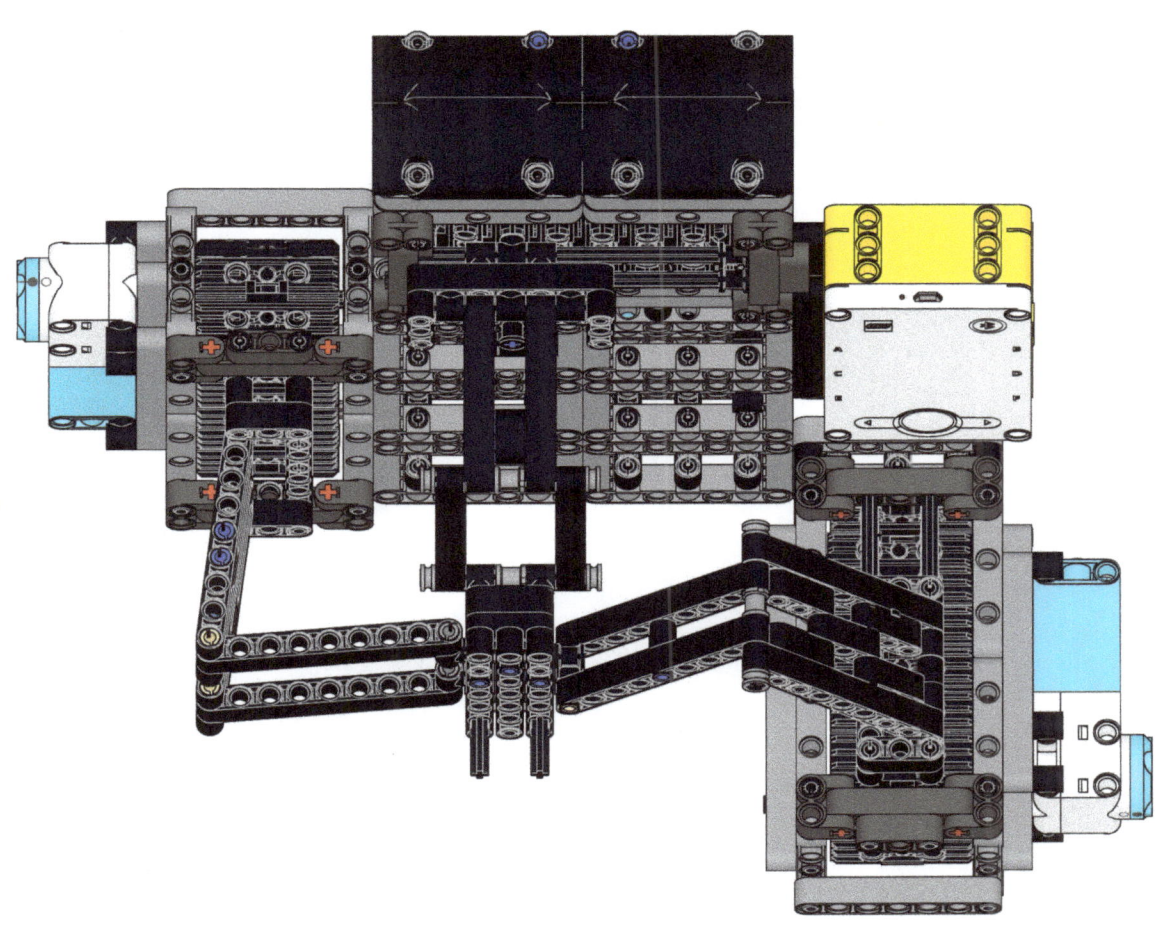

FRAME ASSEMBLY

STEP/ 001

6 x
3 x

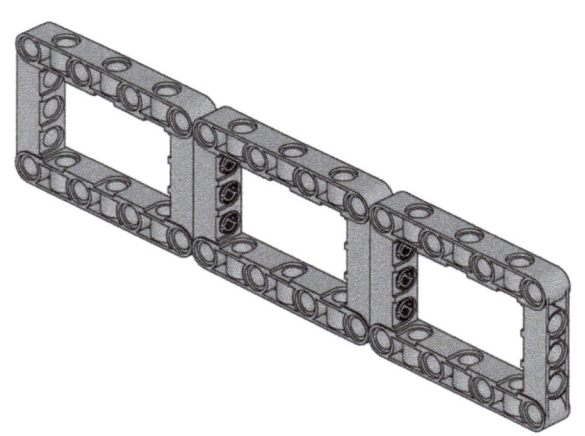

Liftarm Frame 5x7/ LBGray | Qty.3
Pin 2L/ Ridge | Black | Qty.6

FRAME ASSEMBLY

STEP/ 002

6 x

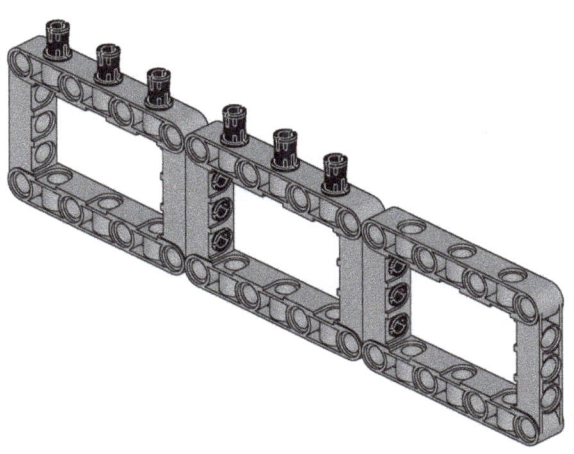

Pin 2L/ Ridge | Black | Qty. 6

FRAME ASSEMBLY

STEP/ 003

3 x

2 x

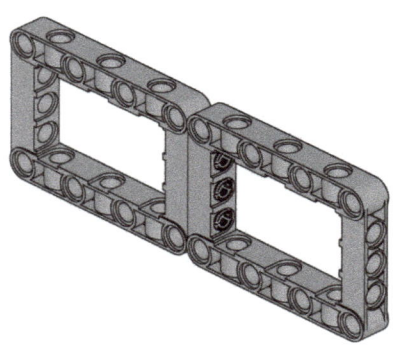

Liftarm Frame 5x7/ LBGray | Qty.2

Pin 2L/ Ridge | Black | Qty.3

FRAME ASSEMBLY

STEP/ 004

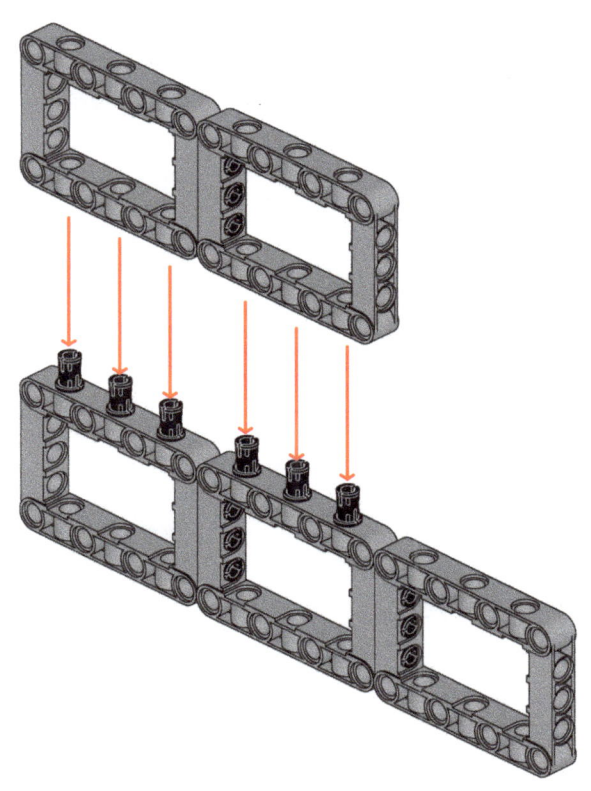

FRAME ASSEMBLY

STEP/ 005

 6 x

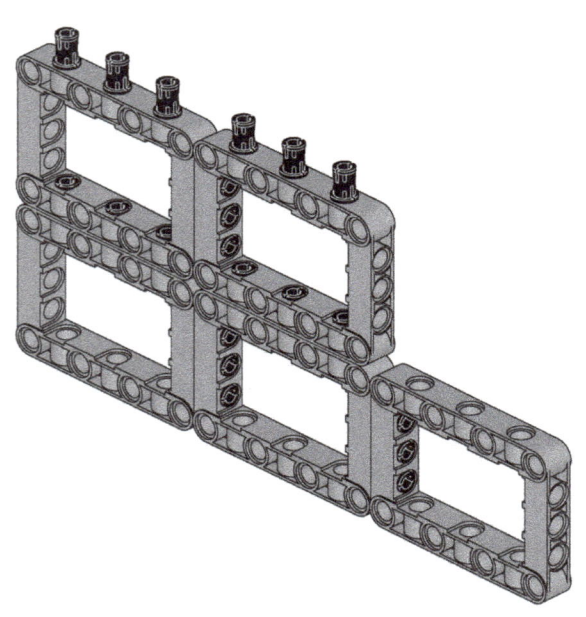

Pin 2L/ Ridge | Black | Qty. 6

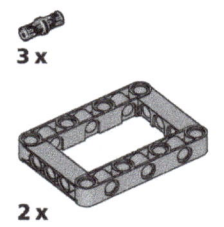

FRAME ASSEMBLY

STEP/ 006

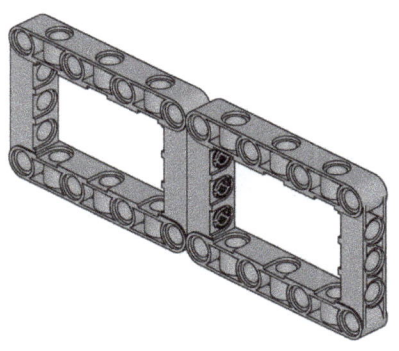

Liftarm Frame 5x7/ LBGray | Qty.3

Pin 2L/ Ridge | Black | Qty.2

FRAME ASSEMBLY

STEP/ 007

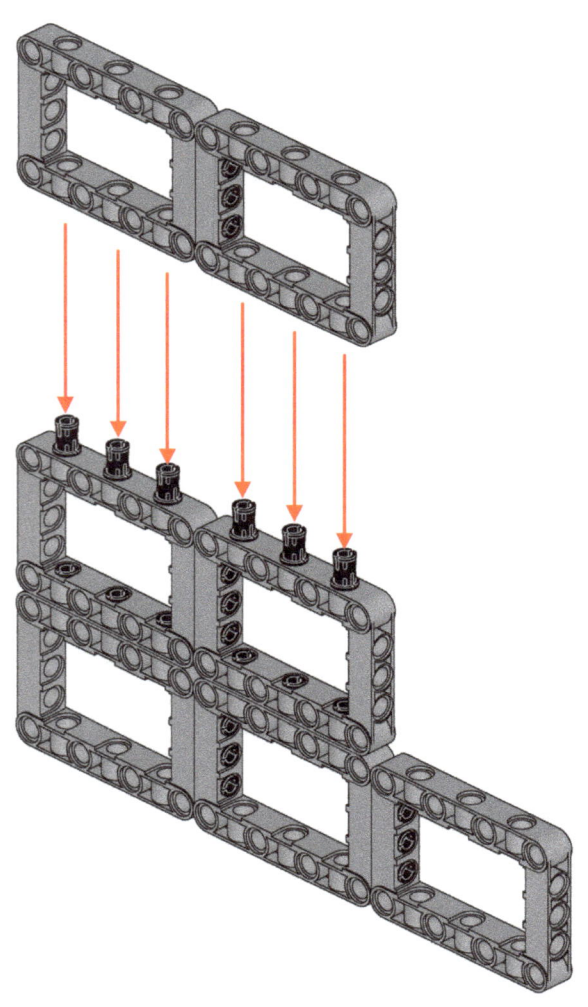

FRAME ASSEMBLY

STEP/ 008

9x

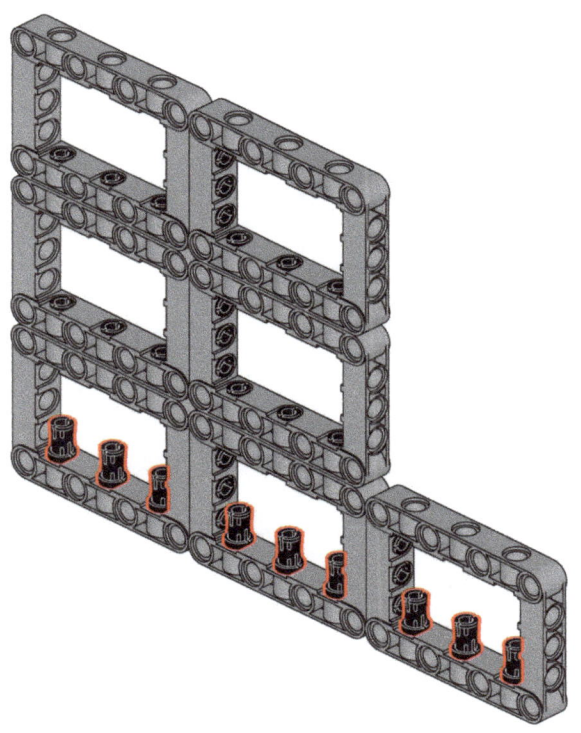

Pin 2L/ Ridge | Black | Qty.9

FRAME ASSEMBLY

STEP/ 009

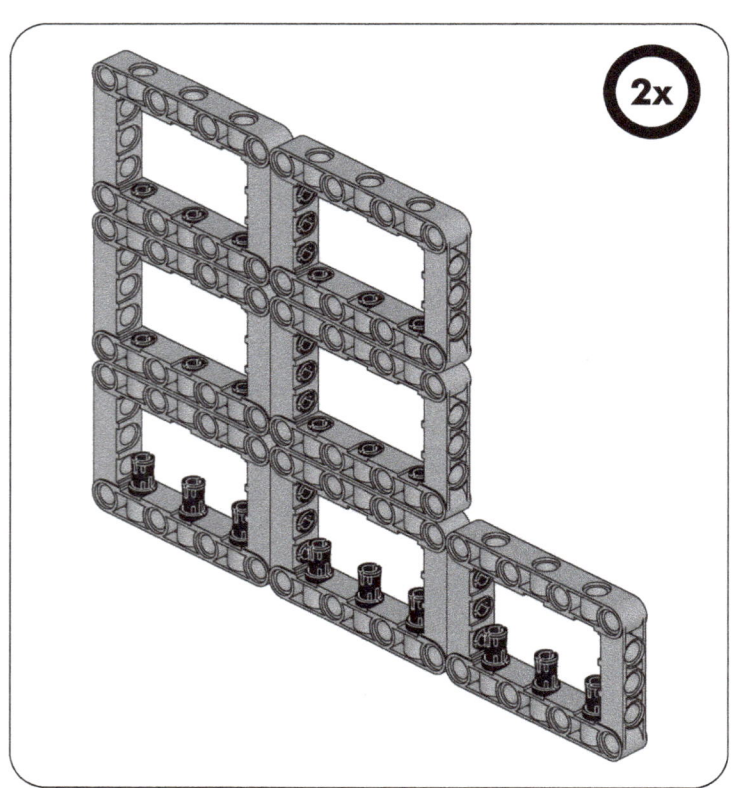

FRAME ASSEMBLY

STEP/ 010

9 x

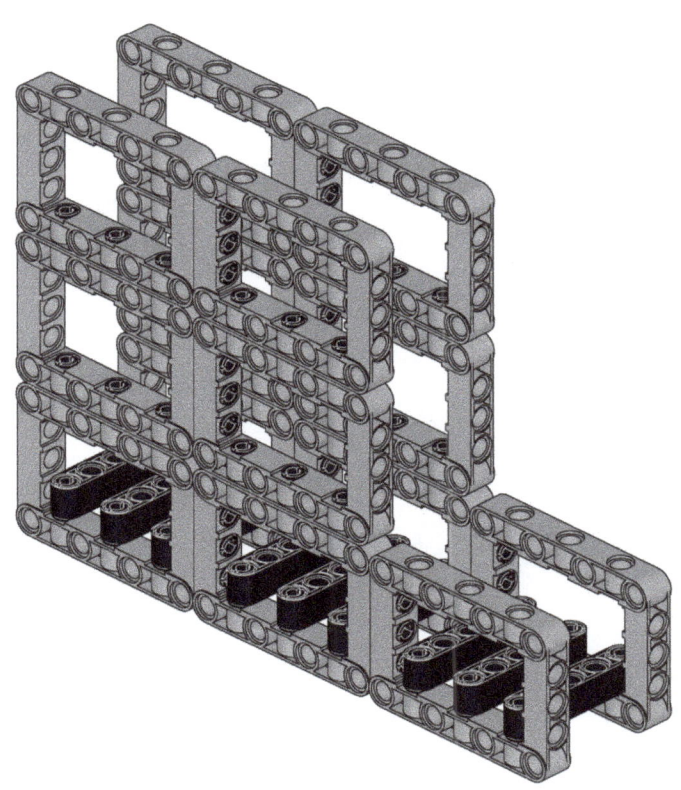

Liftarm 1x5/ Black | Qty.9

FRAME ASSEMBLY

STEP/ 011

4 x

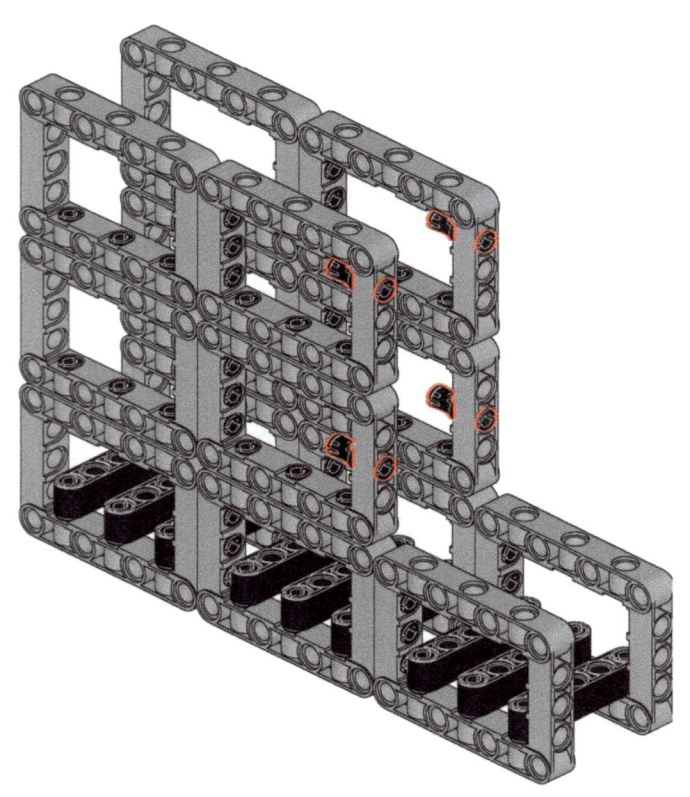

Pin 2L/ Ridge | Black | Qty. 4

FRAME ASSEMBLY

2 x

STEP/ 012

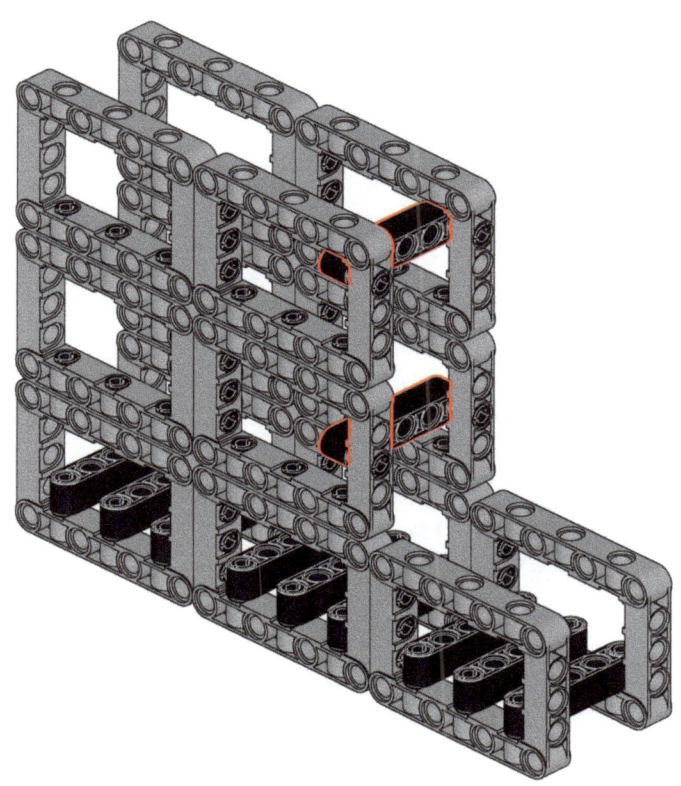

Liftarm 1x5/ Black | Qty.2

FRAME ASSEMBLY

STEP/ 013

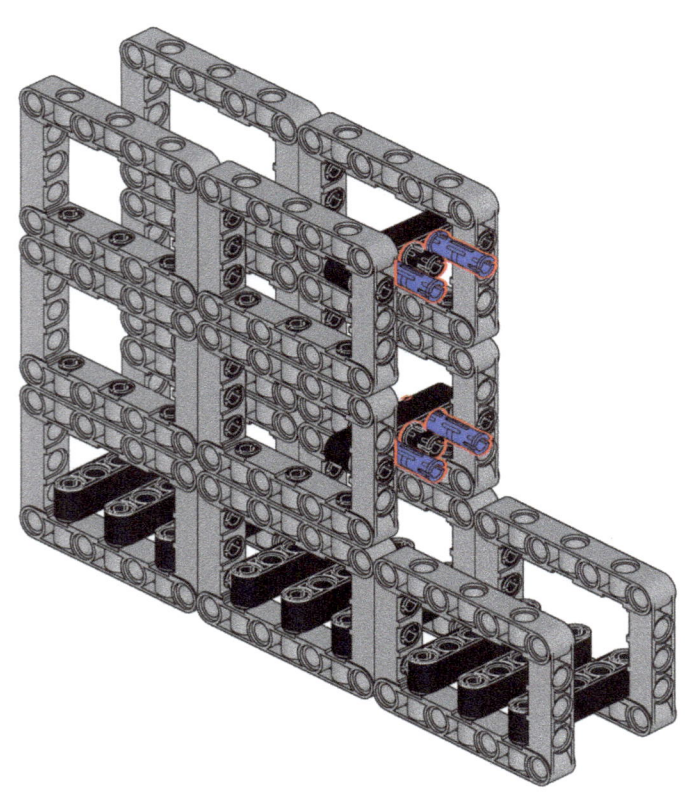

Pin 2L/ Ridge | Black | Qty.2
Pin 3L/ Ridge | Blue | Qty.4

FRAME ASSEMBLY

STEP/ 014

2 x

Liftarm 1x3/ Black | Qty.2

FRAME ASSEMBLY

STEP/ 015

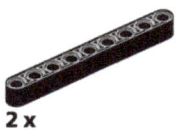

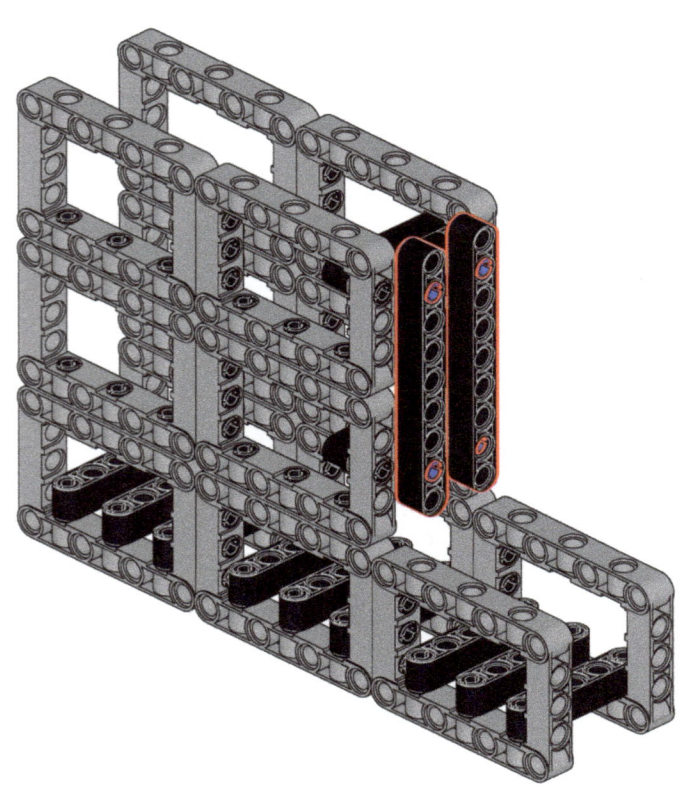

Liftarm 1x9/ Black | Qty.2

FRAME ASSEMBLY

4x

STEP/ 016

Pin 2L/ Ridge | Black | Qty.4

FRAME ASSEMBLY

STEP/ 017

2 x

Liftarm 1x5/ Black | Qty.2

FRAME ASSEMBLY

STEP/ 018

4 x

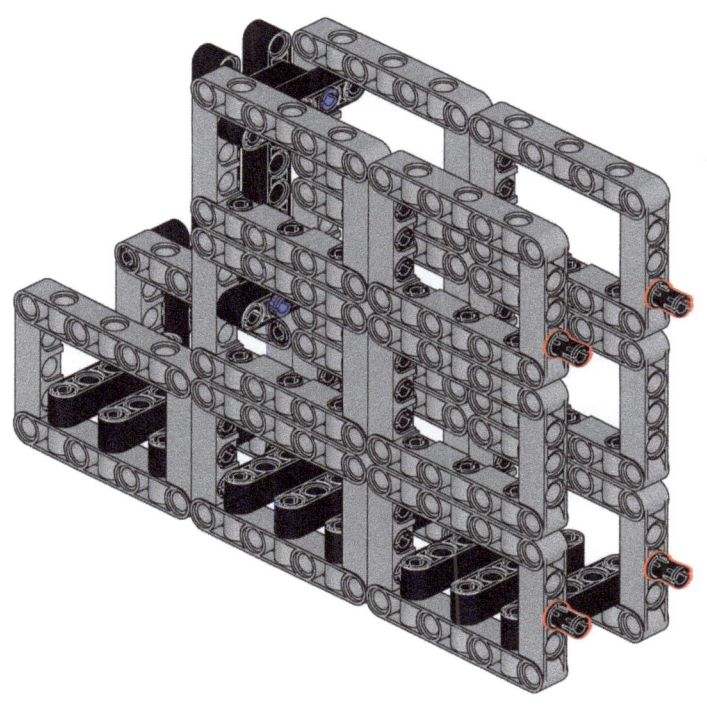

Pin 2L/ Ridge | Black | Qty. 4

FRAME ASSEMBLY

STEP/ 019

 4x

Pin 2L/ Ridge | Black | Qty. 4

FRAME ASSEMBLY

STEP/ 020

4 x

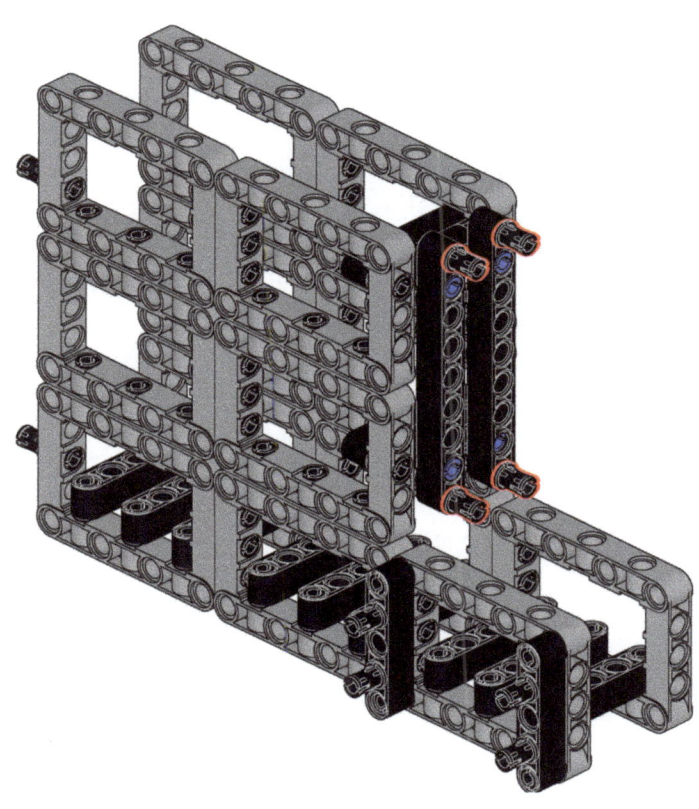

Pin 2L/ Ridge | Black | Qty.4

FRAME ASSEMBLY

STEP/ FIN

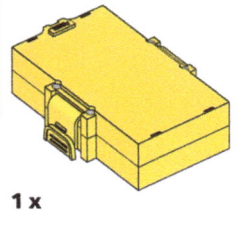
1 x

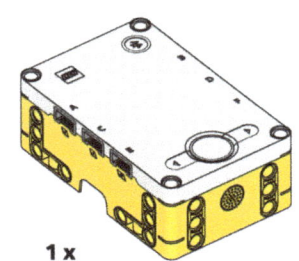
1 x

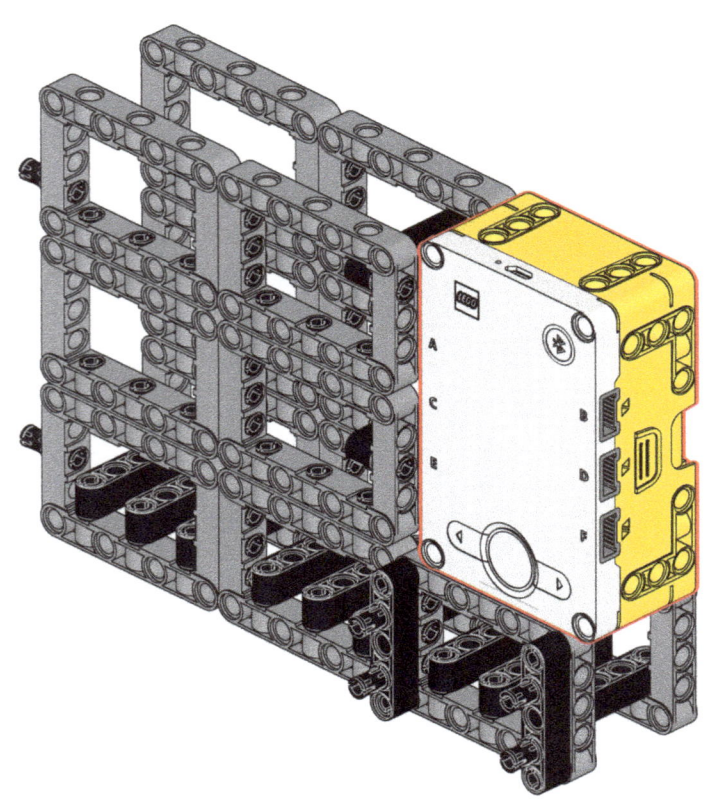

Technic Prime Hub/ White/Yellow | Qty.1

Technic Prime Hub Rechargeable Battery 7.3v/ Yellow | Qty.1

"Life is like riding a bicycle. To keep your balance you must keep moving."

— Albert Einstein

DRIVETRAIN ASSEMBLY

STEP/ 001

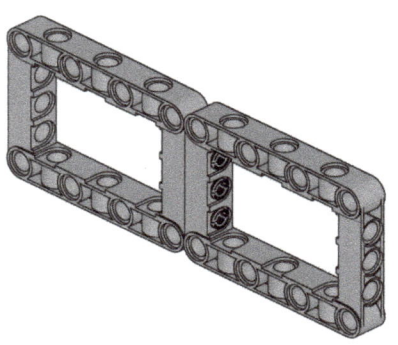

Liftarm Frame 5x7/ LBGray | Qty.2
Pin 2L/ Ridge | Black | Qty.3

DRIVETRAIN ASSEMBLY

2x

STEP/ 002

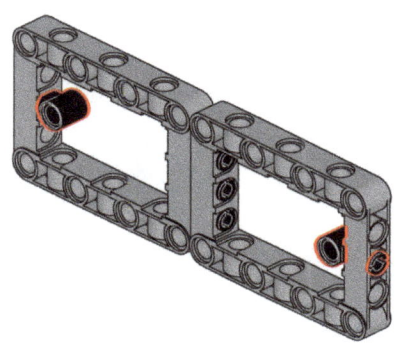

Pin w/ Pin Hole Connector/ Black | Qty.2

DRIVETRAIN ASSEMBLY

STEP/ 003

2 x

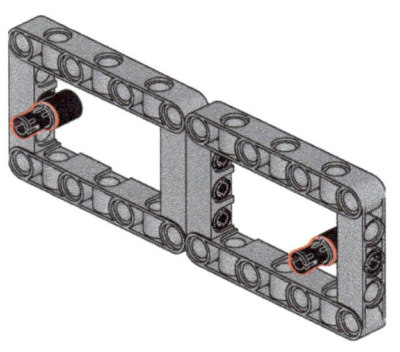

Pin 2L/ Ridge | Black | Qty.2

DRIVETRAIN ASSEMBLY

STEP/ 004

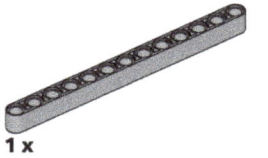
1x

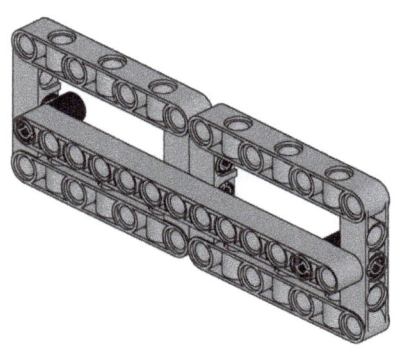

Liftarm 1x13/ LBGray | Qty. 1

DRIVETRAIN ASSEMBLY

STEP/ 005

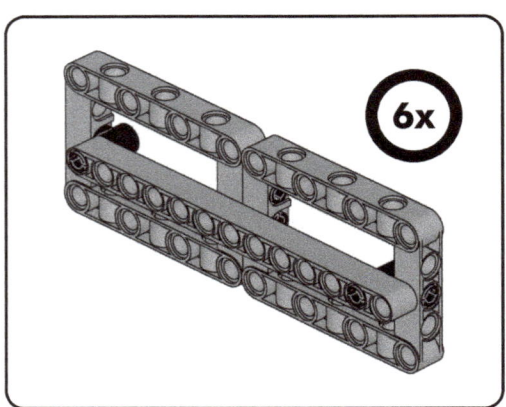

DRIVETRAIN ASSEMBLY

STEP/ 006

18x

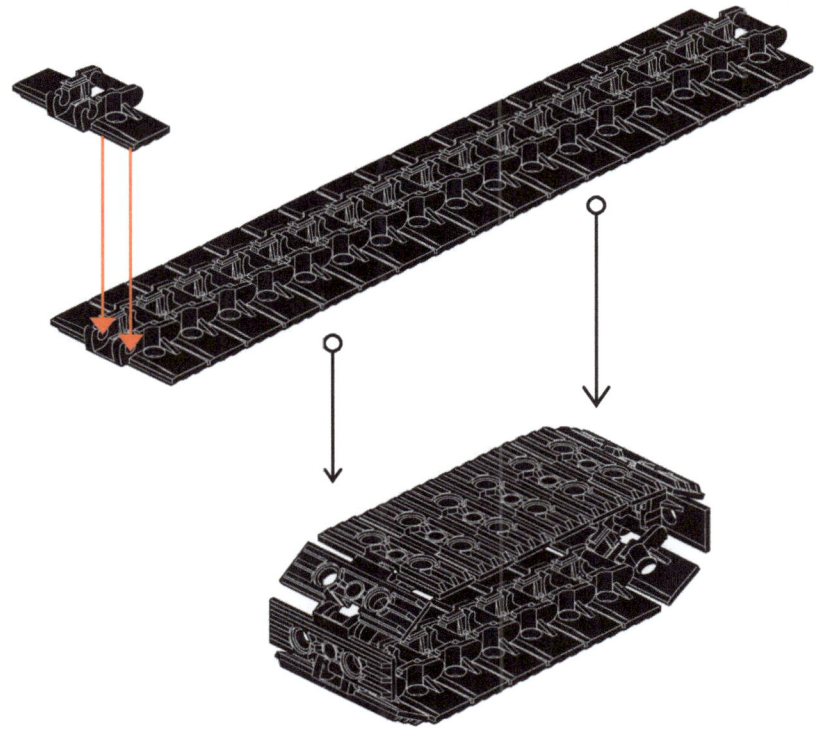

Link Tread Wide w/ 2 Pin Holes/ Black | Qty.18

DRIVETRAIN ASSEMBLY

STEP/ 007

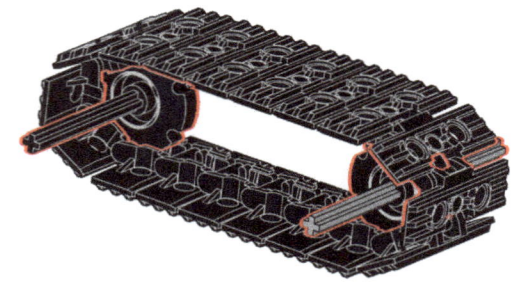

Axle 10L/ Black | Qty. 1
Axle 9L/ LBGray | Qty. 1
Tread Sprocket Small/ Black | Qty. 1

DRIVETRAIN ASSEMBLY

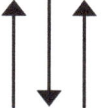

STEP/ 008

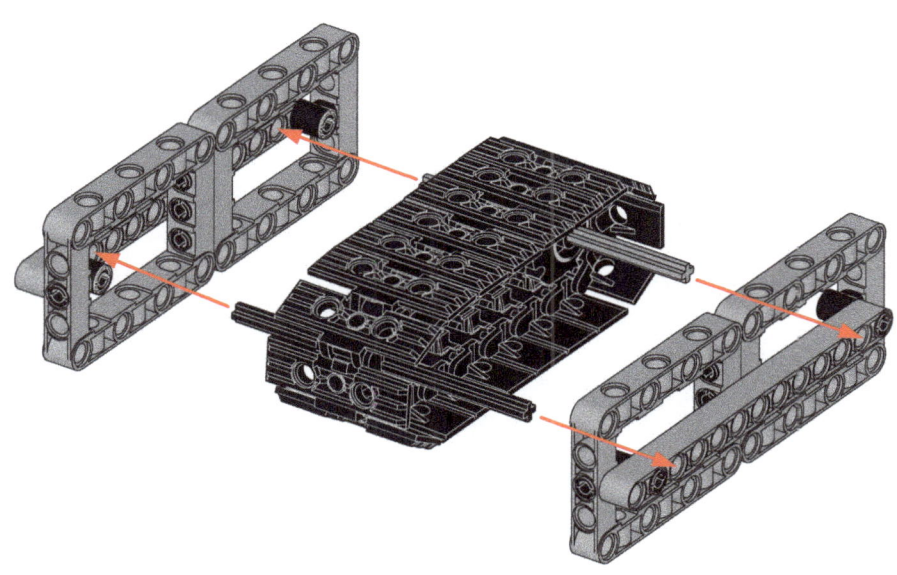

DRIVETRAIN ASSEMBLY

STEP/ 009

DRIVETRAIN ASSEMBLY

4 x

STEP/ 010

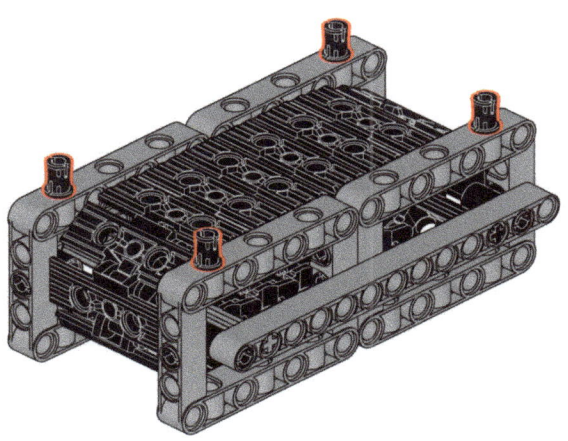

Pin 2L/ Ridge | Black | Qty.4

DRIVETRAIN ASSEMBLY

STEP/ 011

4 x

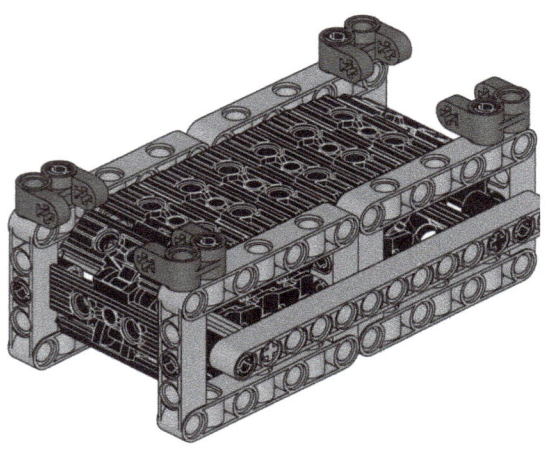

Axle/Pin Connector Perpendicular Double Split/ DBGray | Qty. 4

DRIVETRAIN ASSEMBLY

2x

STEP/ 012

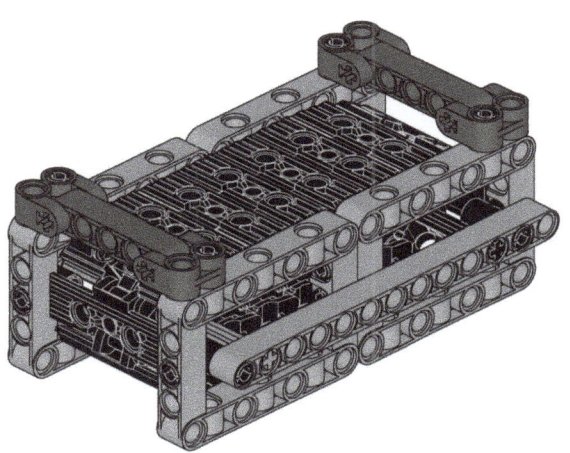

Liftarm 1x5/ DBGray | Qty.2

DRIVETRAIN ASSEMBLY

STEP/ 013

 4x

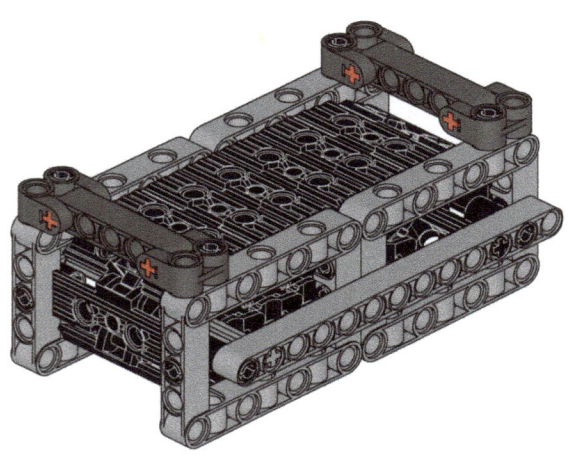

Axle 2L/ Red | Qty. 4

DRIVETRAIN ASSEMBLY

STEP/ 014

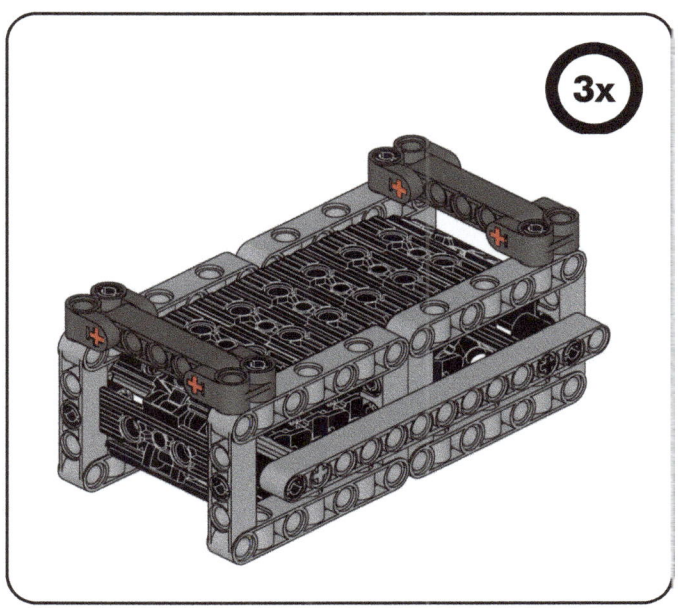

3x

DRIVETRAIN ASSEMBLY

STEP/ 015

6x
1x

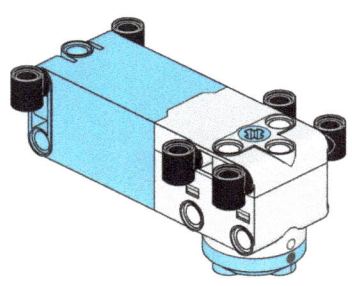

Pin w/ Pin Hole Connector/ Black | Qty.6
Technic Medium Angular Motor/ MAzure | Qty.1

DRIVETRAIN ASSEMBLY

STEP/ 016

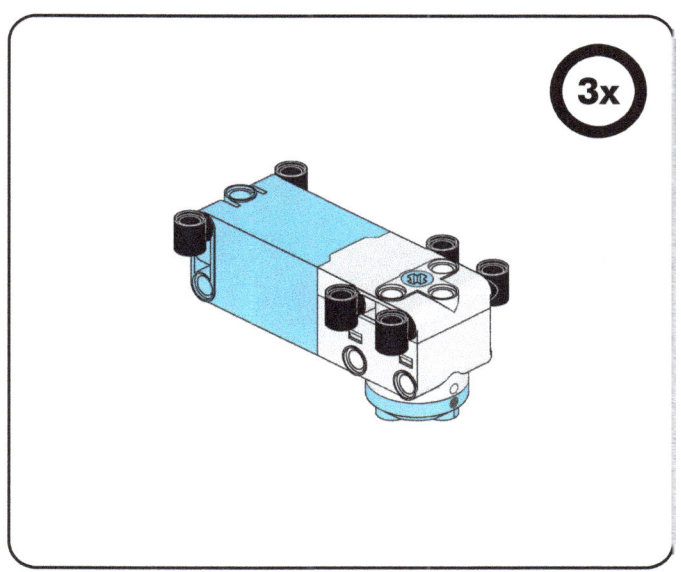

3x

X-DRIVE ASSEMBLY

STEP/ 001

 4 x

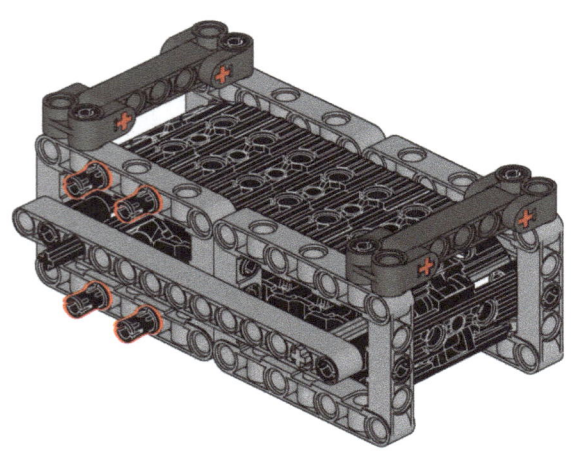

Pin 2L/ Ridge | Black | Qty. 4

X-DRIVE ASSEMBLY

STEP/ 002

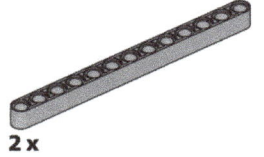
2 x

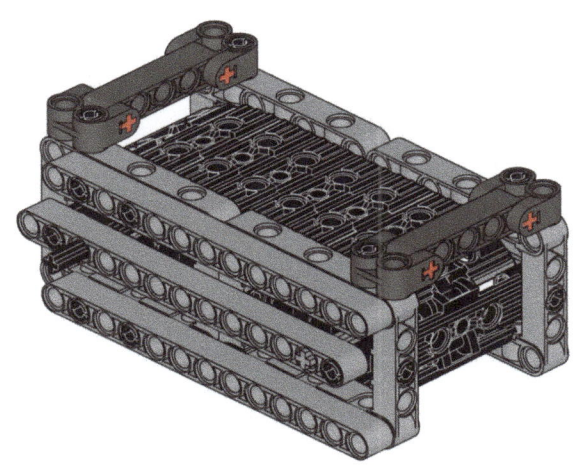

Liftarm 1x13/ LBGray | Qty.2

X-DRIVE ASSEMBLY

STEP/ 003

3x 4x

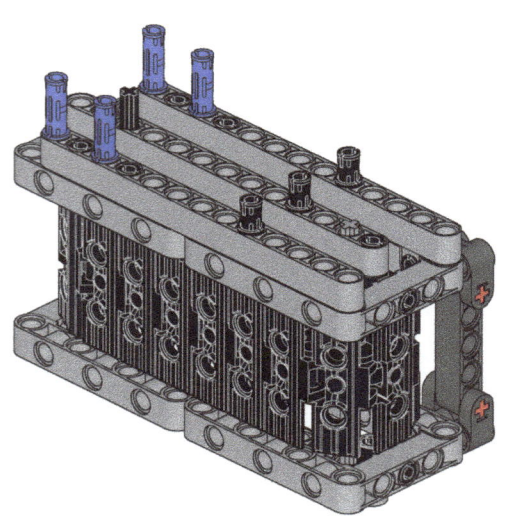

Pin 2L/ Ridge | Black | Qty.3
Pin 3L/ Ridge | Blue | Qty.4

STEP/ 004

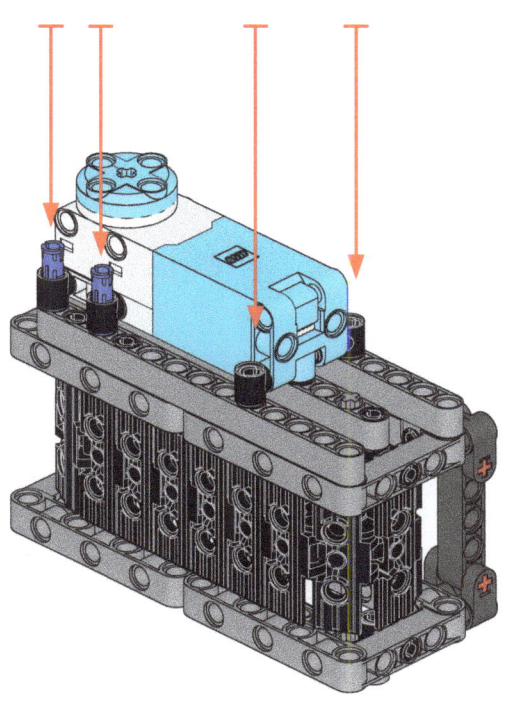

X-DRIVE ASSEMBLY

STEP/ 005

2 x

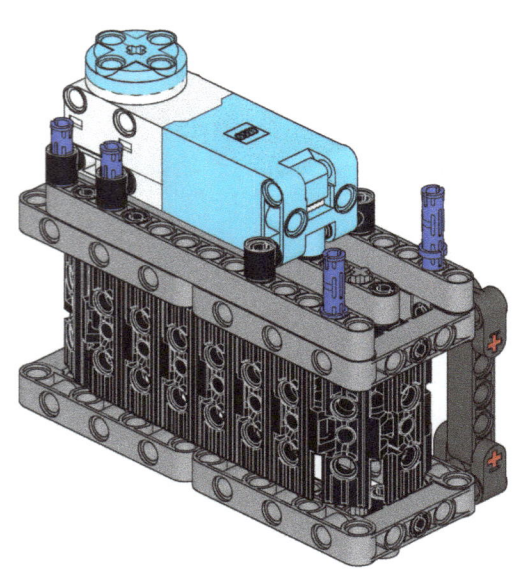

Pin 3L/ Ridge | Blue | Qty. 2

X-DRIVE ASSEMBLY

2x

STEP/ 006

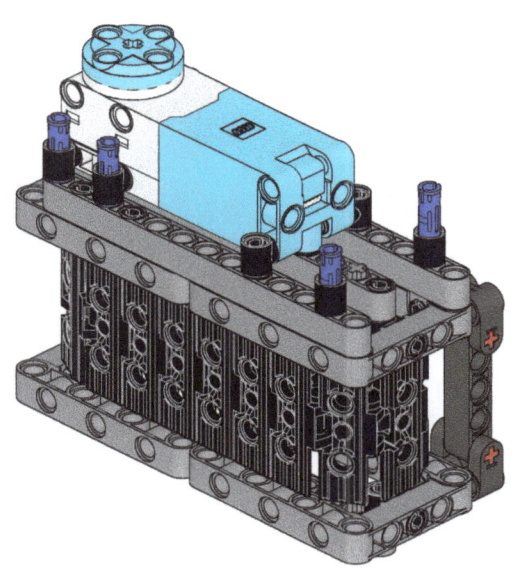

Spacer/ Black | Qty. 2

X-DRIVE ASSEMBLY

STEP/ 007

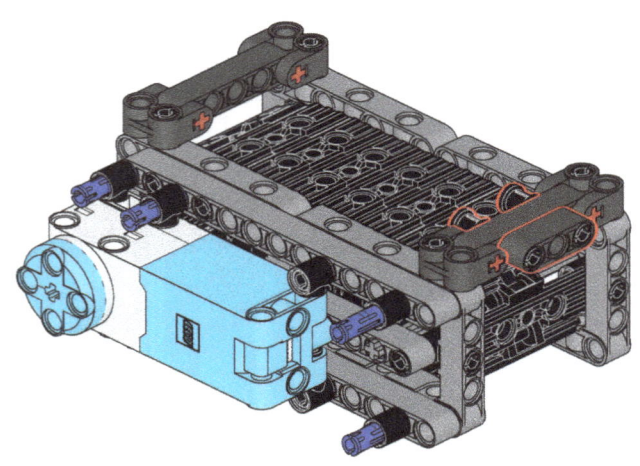

Liftarm 1x3/ DBGray | Qty.1
Pin 3L w/ Bush Axle Stop/ Ridge | Black | Qty.2

X-DRIVE ASSEMBLY

2 x

STEP/ 008

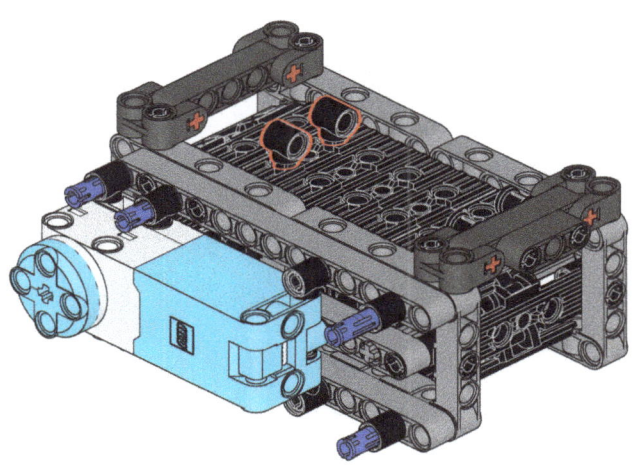

Pin w/ Pin Hole Connector/ Black | Qty.2

X-DRIVE ASSEMBLY

STEP/ 009

4 x

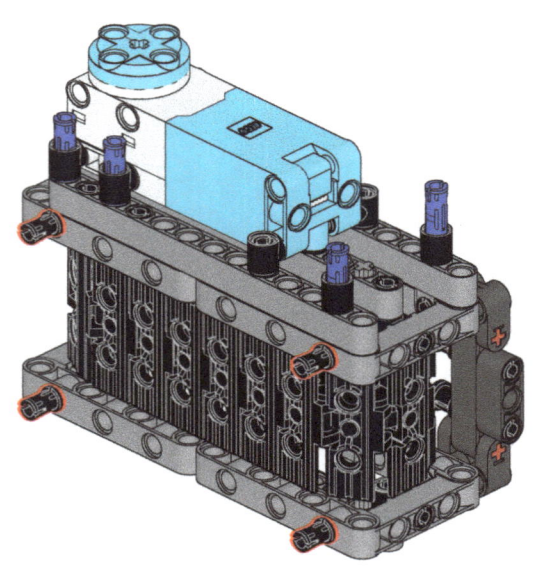

Pin 2L/ Ridge | Black | Qty. 4

X-DRIVE ASSEMBLY

STEP/ 010

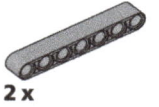
2 x

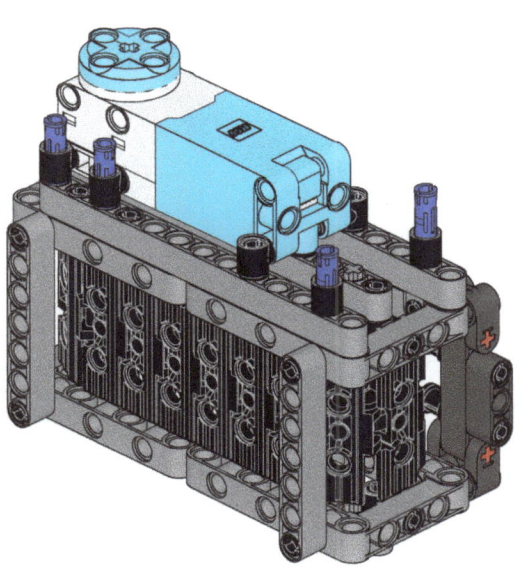

Liftarm 1x7/ LBGray | Qty.2

X-DRIVE ASSEMBLY

STEP/ 011

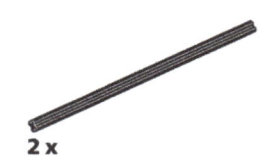

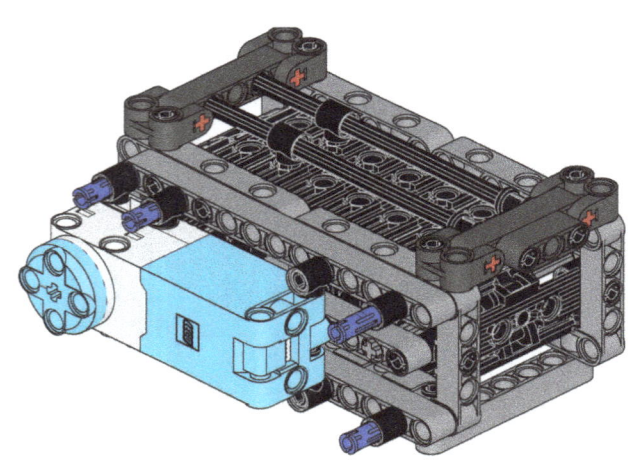

Axle 12L/ Black | Qty. 2

X-DRIVE ASSEMBLY

STEP/ 012

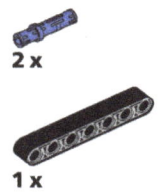

Liftarm 1x7/ Black | Qty. 1

Pin 3L/ Ridge | Blue | Qty. 2

X-DRIVE ASSEMBLY

STEP/ 013

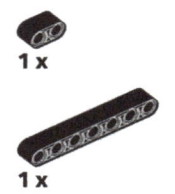

Liftarm 1x7/ Black | Qty. 1
Liftarm 1x2/ Black | Qty. 1

X-DRIVE ASSEMBLY

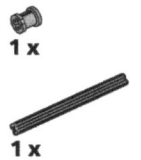

STEP/ 014

Bush Axle Hub 1L/ LBGray | Qty. 1

Axle 6L/ Black | Qty. 1

X-DRIVE ASSEMBLY

STEP/ 015

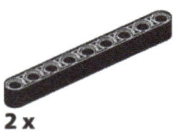

Liftarm 1x9/ Black | Qty.2

X-DRIVE ASSEMBLY

2 x

STEP/ 016

Bush Axle Hub 0.5L/ LBGray | Qty.2

X-DRIVE ASSEMBLY

STEP/ 017

Axle 6L/ Black | Qty.1
Bush Axle Hub 1L/ LBGray | Qty.1
Pin w/ Pin Hole Connector/ Black | Qty.2

X-DRIVE ASSEMBLY

2x

STEP/ 018

Bush Axle Hub 0.5L/ LBGray | Qty.2

X-DRIVE ASSEMBLY

STEP/ 019

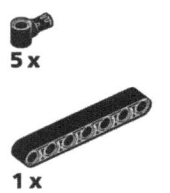

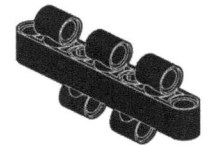

Liftarm 1x7/ Black | Qty.2
Pin w/ Pin Hole Connector/ Black | Qty.5

X-DRIVE ASSEMBLY

STEP/ 020

1 x

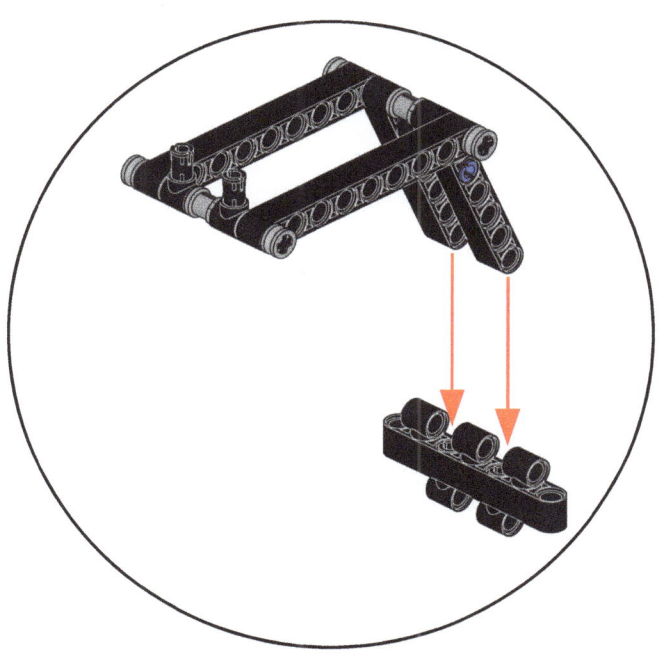

Axle 5L/ Black | Qty. 1

X-DRIVE ASSEMBLY

STEP/ 021

 2x

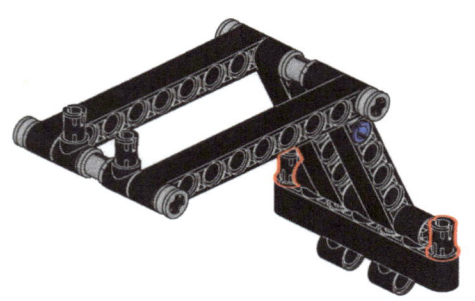

Pin 2L/ Ridge | Black | Qty. 2

X-DRIVE ASSEMBLY

2 x

STEP/ 022

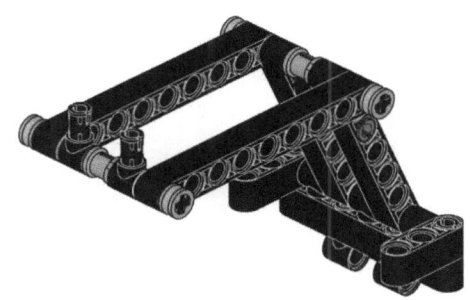

Liftarm 1x3/ Black | Qty.2

X-DRIVE ASSEMBLY

STEP/ 023

2 x

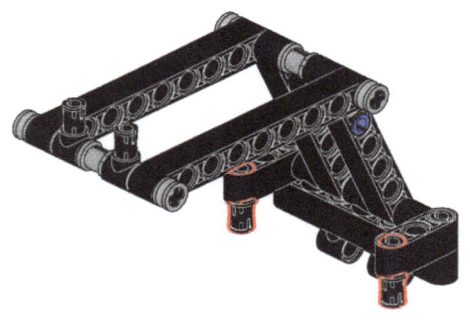

Pin 2L/ Ridge | Black | Qty. 2

X-DRIVE ASSEMBLY

STEP/ 024

1x7 Liftarm/ Black | Qty. 1
Pin w/ Pin Hole Connector/ Black | Qty. 2

X-DRIVE ASSEMBLY

STEP/ 025

1 x

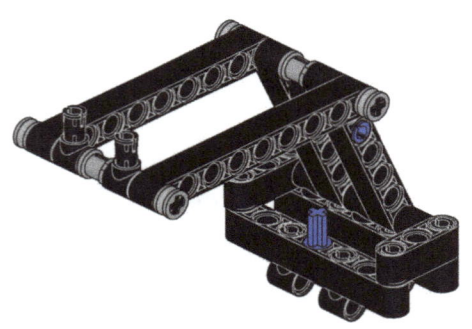

Axle 1L w/ Pin/ Ridge | Blue | Qty. 1

X-DRIVE ASSEMBLY

1 x

1 x

STEP/ 026

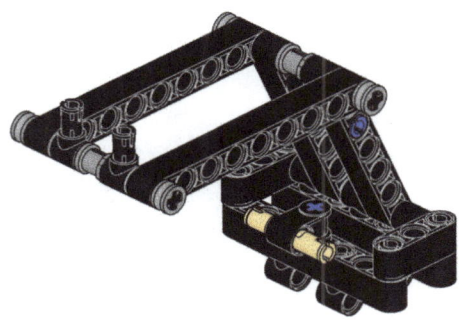

Pin 3L/ Smooth | Tan | Qty. 1

Axle/Pin Hole Connector Perpendicular/ Black | Qty. 1

X-DRIVE ASSEMBLY

STEP/ 027

 2x

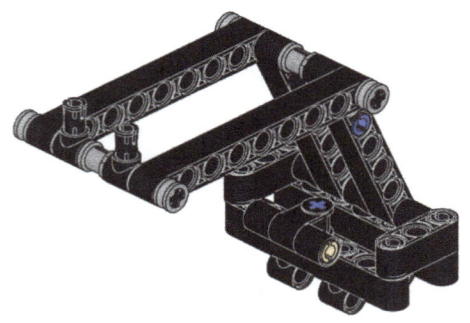

Spacer/ Black | Qty. 2

X-DRIVE ASSEMBLY

STEP/ 028

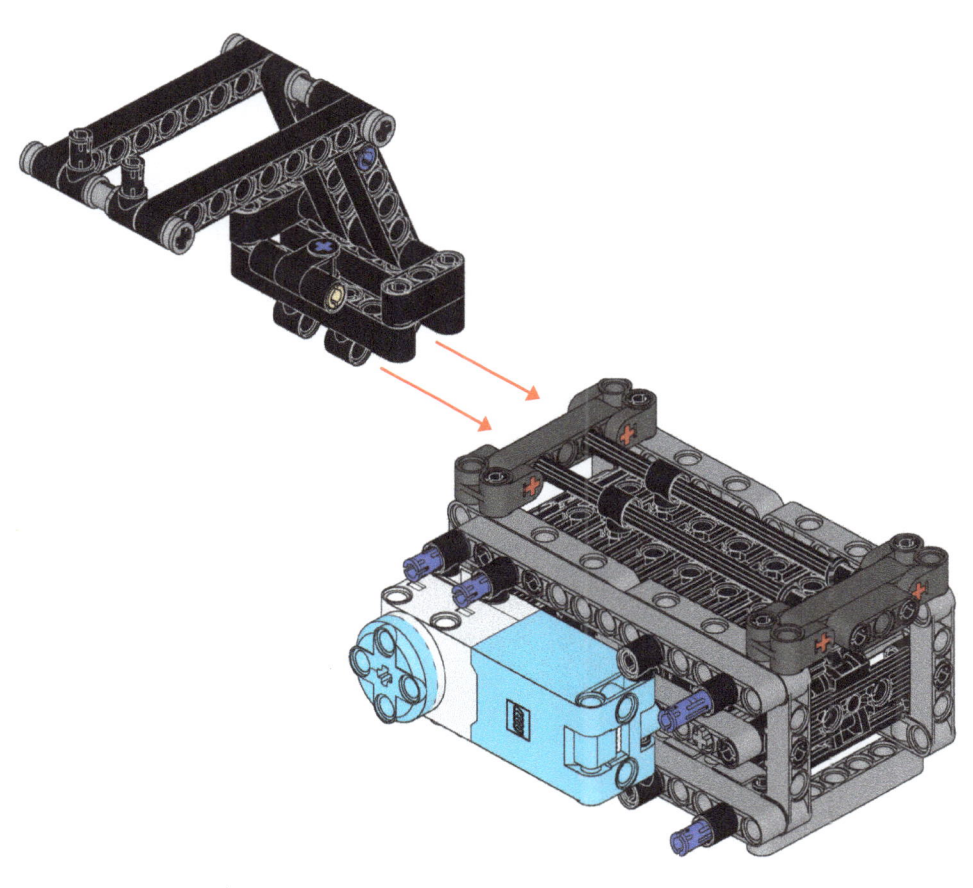

X-DRIVE ASSEMBLY

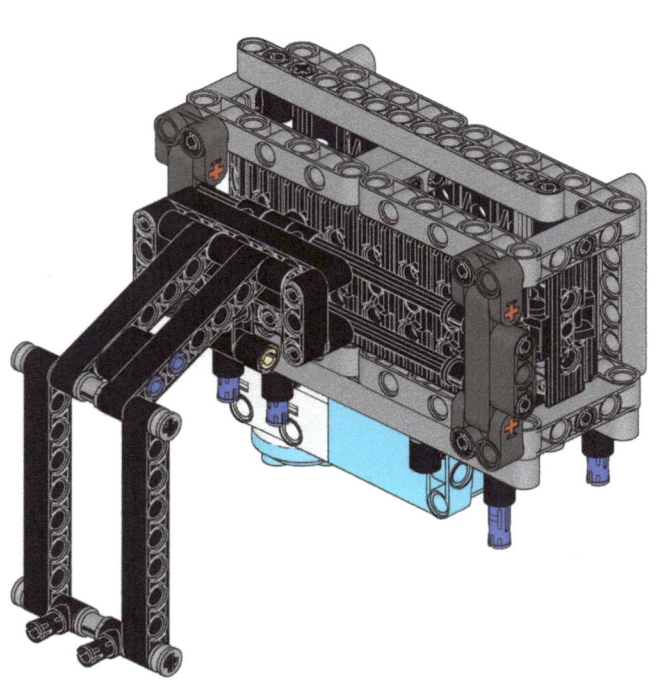

X-DRIVE ASSEMBLY

4 x

STEP/ 029

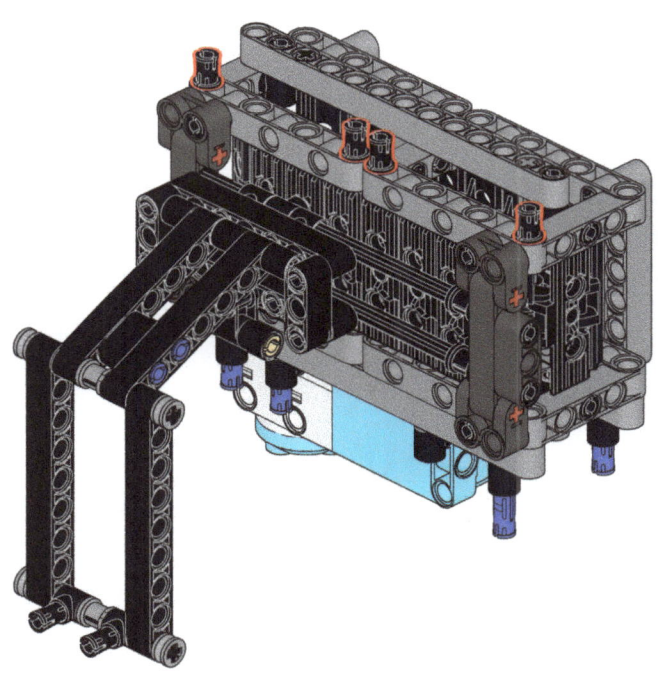

Pin 2L/ Ridge | Black | Qty. 4

X-DRIVE ASSEMBLY

STEP/ 030

4 x

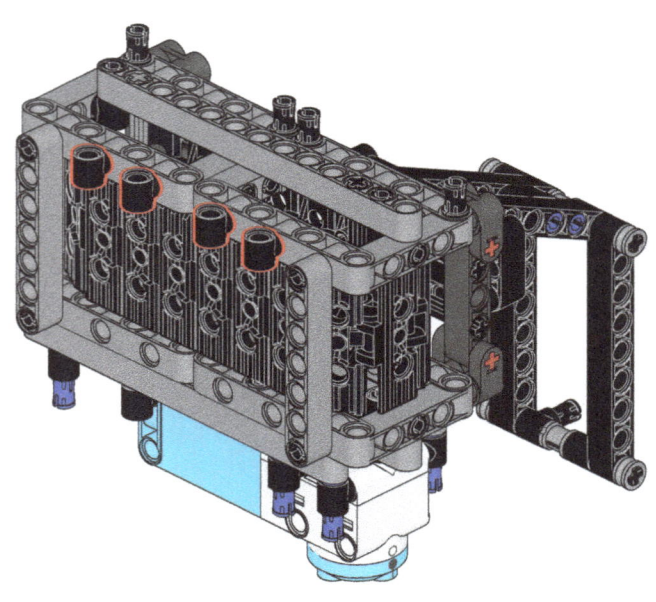

Pin w/ Pin Hole Connector/ Black | Qty.4

X-DRIVE ASSEMBLY

STEP/ 031

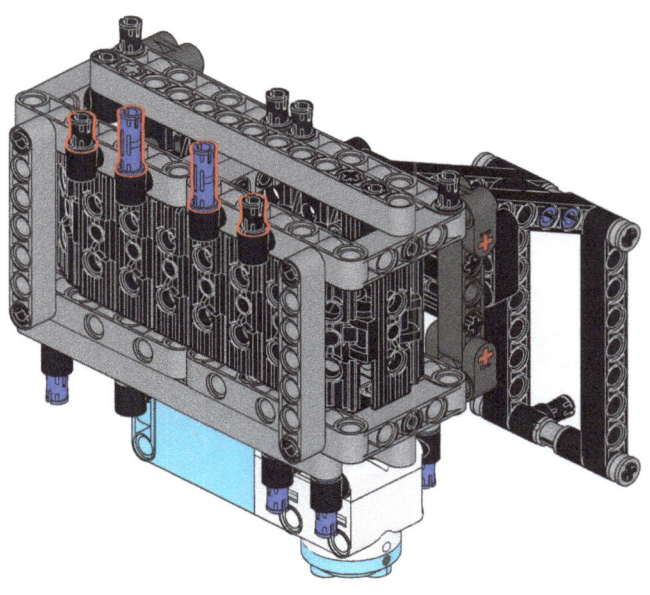

Pin 2L/ Ridge | Black | Qty.2
Pin 3L/ Ridge | Blue | Qty.2

X-DRIVE ASSEMBLY

STEP/ 032

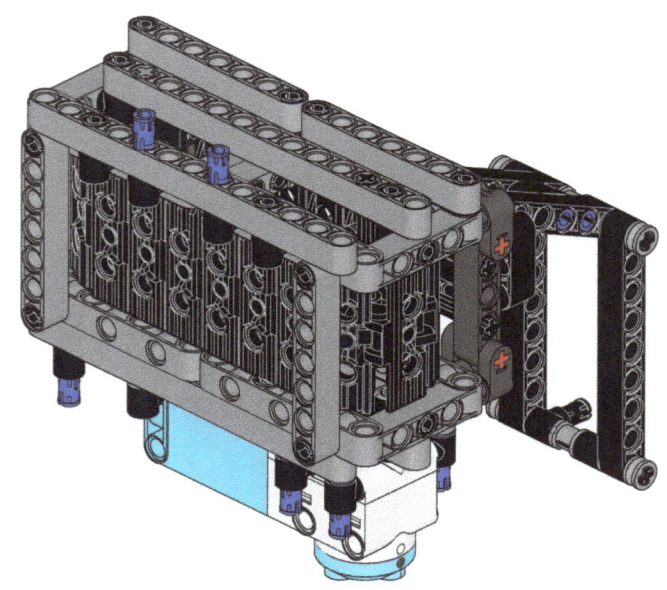

Liftarm 1x7/ LBGray | Qty. 2
Liftarm 1x13/ LBGray | Qty. 1

X-DRIVE ASSEMBLY

STEP/ 033

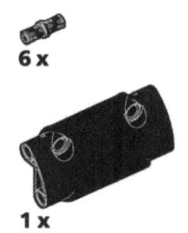

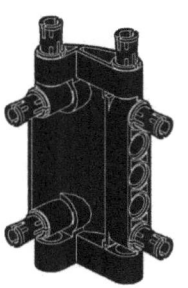

Pin 2L/ Ridge | Black | Qty. 6
Panel Curved 7x3/ Black | Qty. 1

X-DRIVE ASSEMBLY

STEP/ 034

1 x

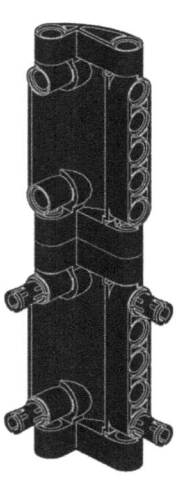

Panel Curved 7x3/ Black | Qty.1

X-DRIVE ASSEMBLY

1 x

STEP/ 035

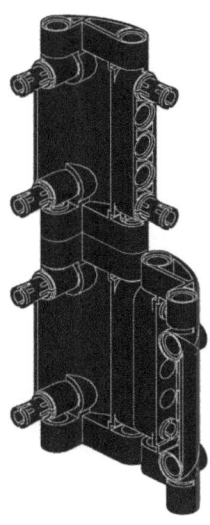

Panel Curved 7x3/ Black | Qty. 1

X-DRIVE ASSEMBLY

STEP/ 036

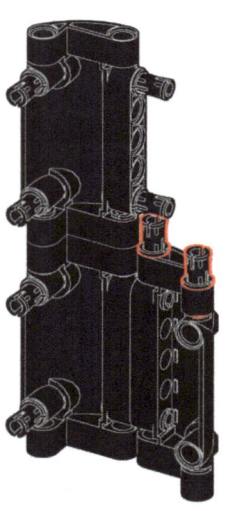

Pin 2L/ Ridge | Black | Qty. 2

X-DRIVE ASSEMBLY

STEP/ 037

1x

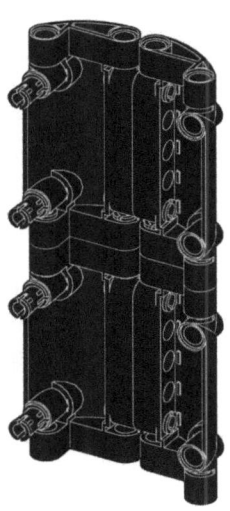

Panel Curved 7x3/ Black | Qty.1

X-DRIVE ASSEMBLY

STEP/ 035

2x

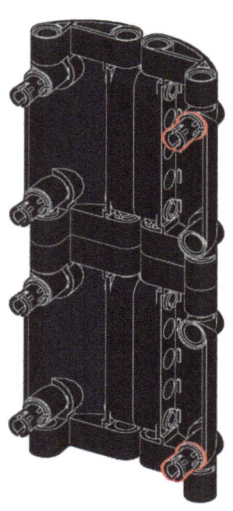

Pin 2L/ Ridge | Black | Qty.2

X-DRIVE ASSEMBLY

STEP/ FIN

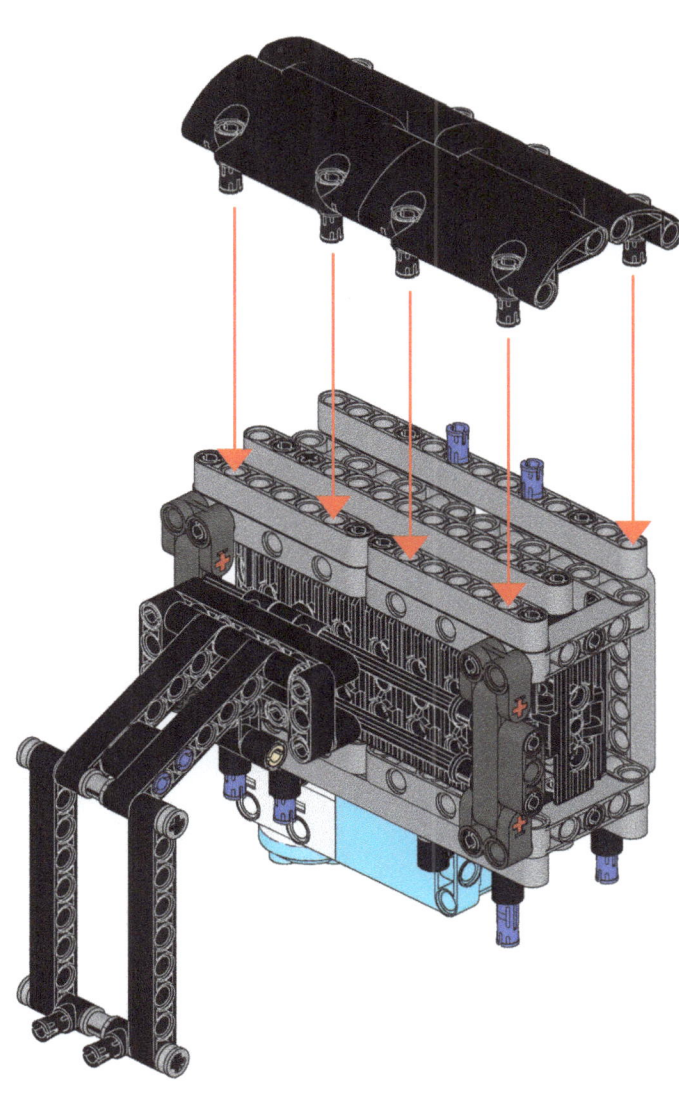

Z-DRIVE ASSEMBLY

STEP/ 001

2x

4x

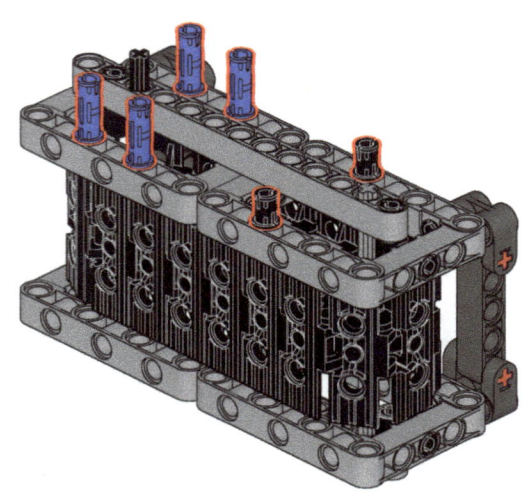

Pin 2L/ Ridge | Black | Qty.2
Pin 3L/ Ridge | Blue | Qty.4

Z-DRIVE ASSEMBLY

STEP/ 002

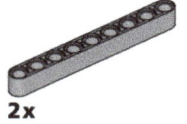
2x

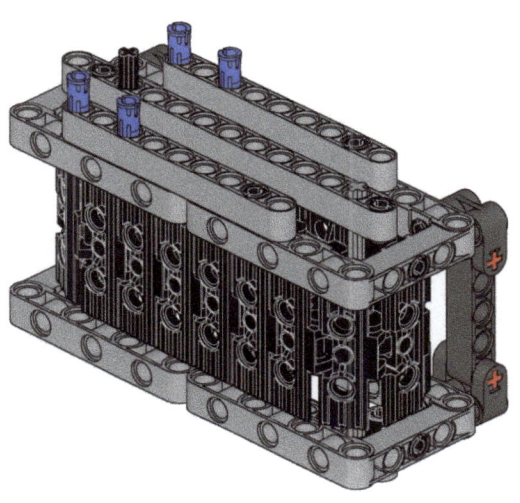

Liftarm 1x9/ LBGray | Qty.2

Z-DRIVE ASSEMBLY

STEP/ 003

3x

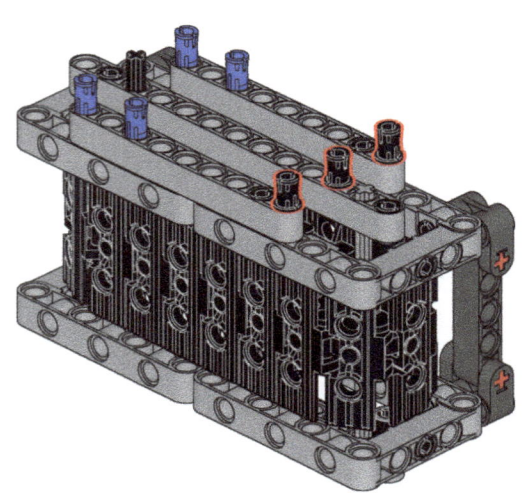

Pin 2L/ Ridge | Black | Qty.3

Z-DRIVE ASSEMBLY

STEP/ 004

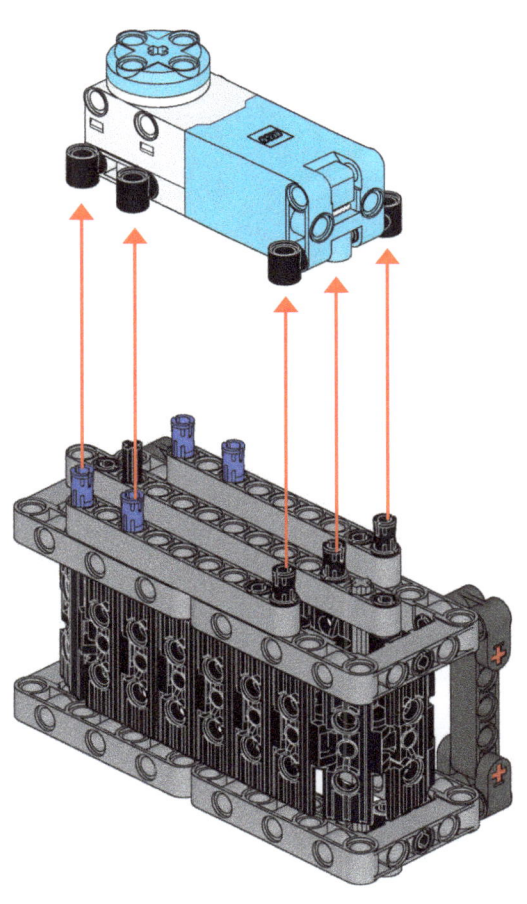

Z-DRIVE ASSEMBLY

STEP/ 005

2 x

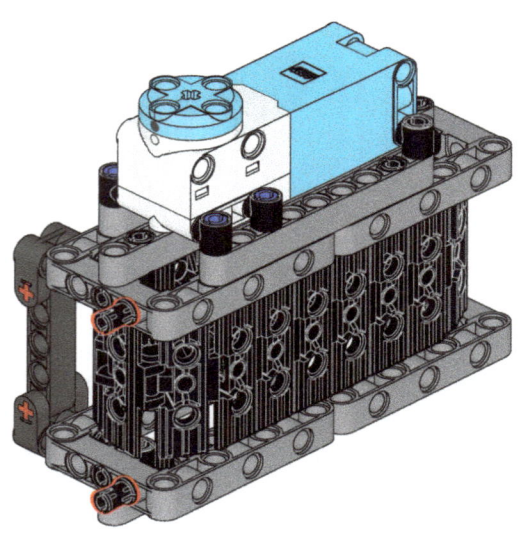

Pin 2L/ Ridge | Black | Qty.2

Z-DRIVE ASSEMBLY

1x

STEP/ 006

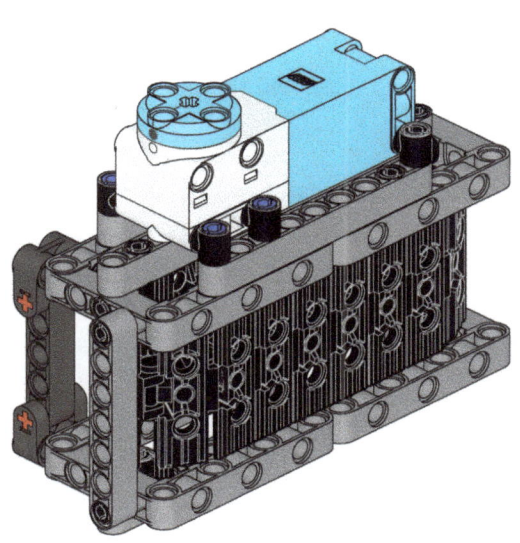

Liftarm 1x7/ LBGray | Qty. 1

Z-DRIVE ASSEMBLY

STEP/ 007

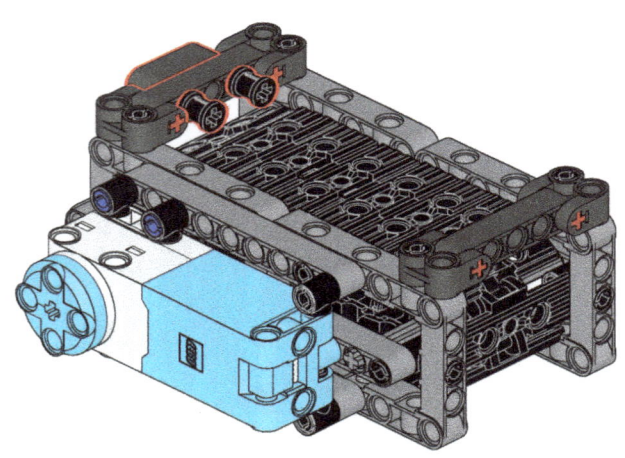

Liftarm 1x3/ DBGray | Qty.1

Pin 3L w/ Bush Axle Stop/ Ridge | Black | Qty.2

Z-DRIVE ASSEMBLY

2 x

STEP/ 008

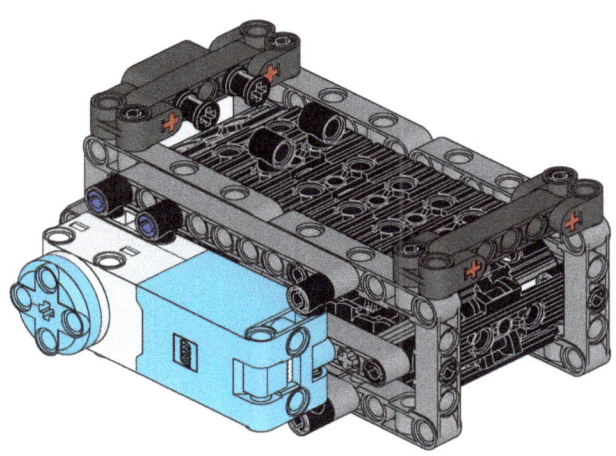

Pin w/ Pin Hole Connector/ Black | Qty.2

Z-DRIVE ASSEMBLY

STEP/ 009

8x

2x

Liftarm 1x9/ Black | Qty. 2
Pin 2L/ Ridge | Black | Qty. 8

Z-DRIVE ASSEMBLY

STEP/ 010

4x

Liftarm 1x3/ Black | Qty. 4

Z-DRIVE ASSEMBLY

STEP/ 011

Liftarm 1x3/ Black | Qty. 1
Pin 3L/ Ridge | Blue | Qty. 2

Z-DRIVE ASSEMBLY

2x 1x

1x

STEP/ 012

Pin w/ Pin Hole Connector/ Black | Qty. 1

Spacer/ Black | Qty. 2

Axle 5L/ Black | Qty. 1

Z-DRIVE ASSEMBLY

STEP/ 013

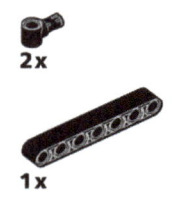

Pin w/ Pin Hole Connector/ Black | Qty. 2
Liftarm 1x7/ Black | Qty. 1

Z-DRIVE ASSEMBLY

STEP/ 014

2x

Pin 2L/ Ridge | Black | Qty.2

Z-DRIVE ASSEMBLY

STEP/ 015

 2x

Liftarm 1x7/ Black | Qty. 1

Z-DRIVE ASSEMBLY

STEP/ 016

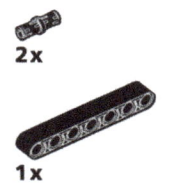

2x
1x

Pin 2L/ Ridge | Black | Qty.2
Liftarm 1x7/ Black | Qty.1

Z-DRIVE ASSEMBLY

STEP/ 017

 2x

Pin w/ Pin Hole Connector/ Black | Qty. 2

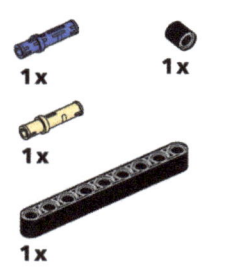

Z-DRIVE ASSEMBLY

STEP/ 018

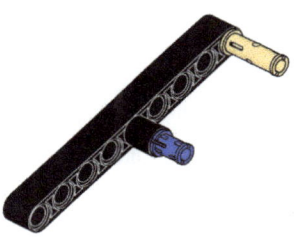

Spacer/ Black | Qty.1
Pin 3L/ Ridge | Blue | Qty.1
Pin 3L/ Smooth | Tan | Qty.1
Liftarm 1x9/ Black | Qty.1

Z-DRIVE ASSEMBLY

STEP/ 019

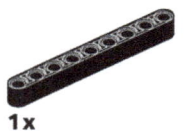

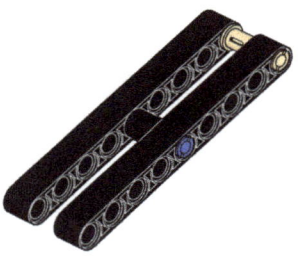

Liftarm 1x9/ Black | Qty. 1

Z-DRIVE ASSEMBLY

STEP/ 020

Axle 6L/ Black | Qty. 1

Bush Axle Hub 1L/ LBGray | Qty. 1

Bush Axle Hub 0.5L/ LBGray | Qty. 2

Z-DRIVE ASSEMBLY

STEP/ 021

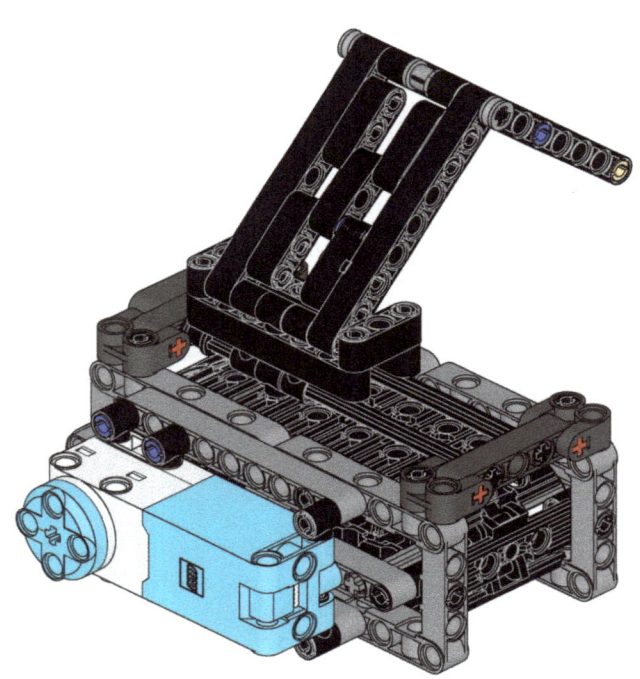

Axle 12L/ Black | Qty.2

Z-DRIVE ASSEMBLY

STEP/ 022

Spacer/ Black | Qty. 1

Axle 1L/Pin 2L/ Ridge | LBGray | Qty. 2

Axle Holes w/ Center Pin Hole 3L/ Black | Qty. 1

Z-DRIVE ASSEMBLY

STEP/ FIN

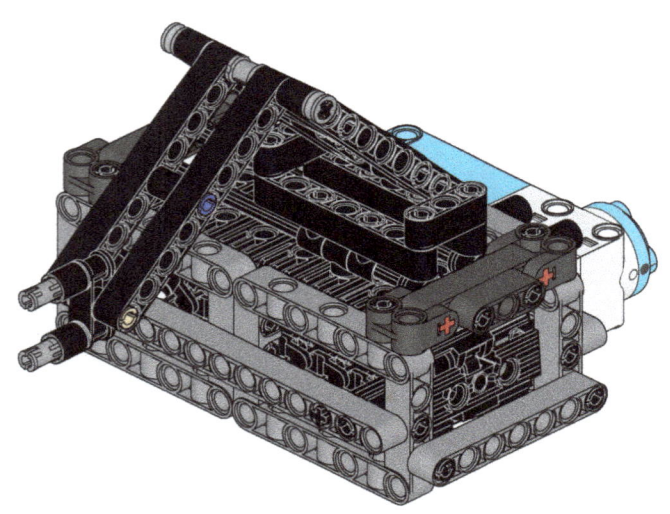

"When you want something, all the universe conspires in helping you to achieve it"

— Paulo Coelho

Y-DRIVE ASSEMBLY

STEP/ 001

 2 x

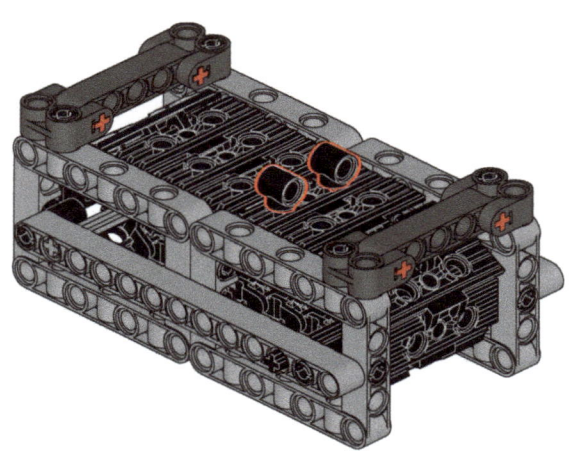

Pin w/ Pin Hole Connector/ Black | Qty. 2

Y-DRIVE ASSEMBLY

4 x

STEP/ 002

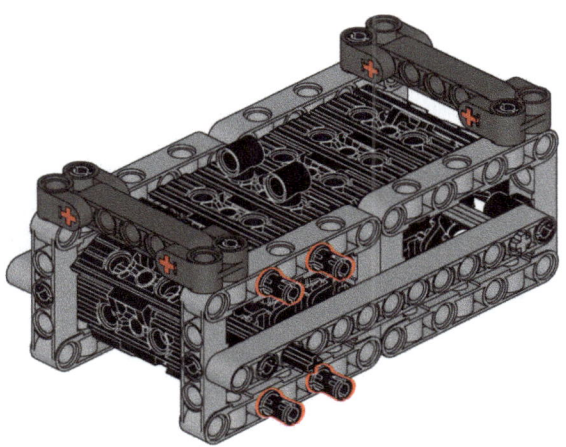

Pin 2L/ Ridge | Black | Qty. 4

Y-DRIVE ASSEMBLY

STEP/ 003

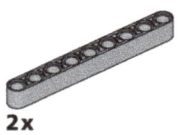

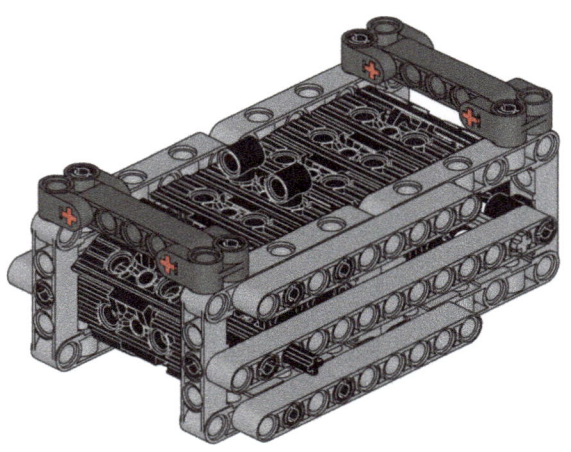

Liftarm 1x9/ LBGray | Qty.2

Y-DRIVE ASSEMBLY

5x

2x

STEP/ 004

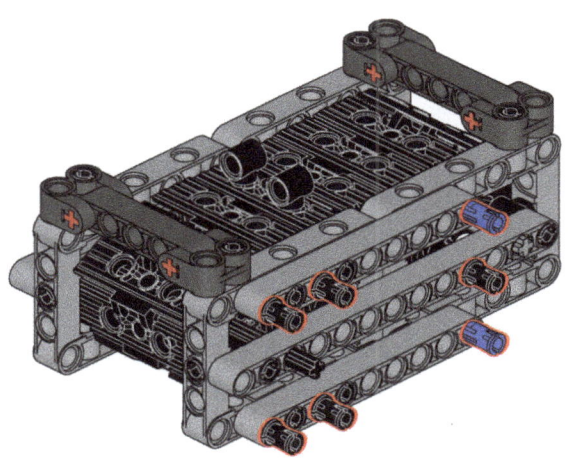

Pin 2L/ Ridge | Black | Qty.5
Pin 3L/ Ridge | Blue | Qty.2

Y-DRIVE ASSEMBLY

STEP/ 005

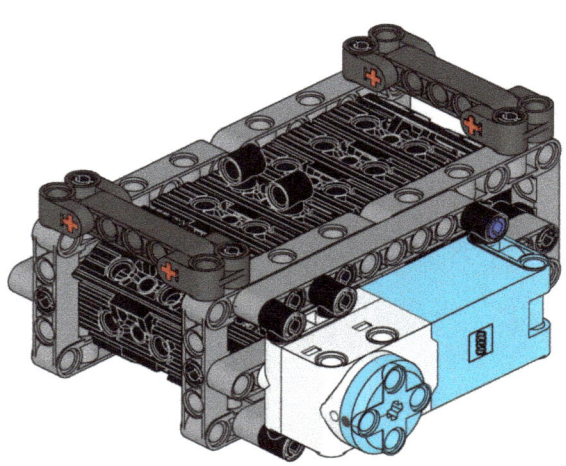

Y-DRIVE ASSEMBLY

2 x

1 x

STEP/ 006

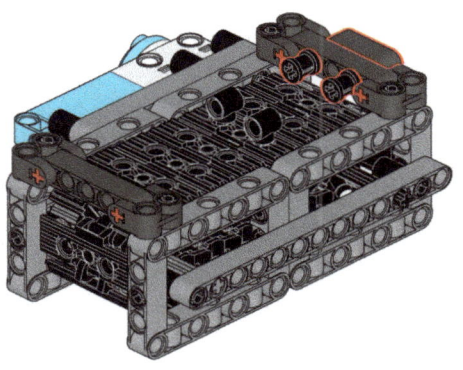

Liftarm 1x3/ DBGray | Qty.1

Pin 3L w/ Bush Axle Stop/ Ridge | Black | Qty.2

Y-DRIVE ASSEMBLY

STEP/ 007

4x

2x

Pin w/ Pin Hole Connector/ Black | Qty. 4
Liftarm 1x9/ Black | Qty. 2

Y-DRIVE ASSEMBLY

2 x

STEP/ 008

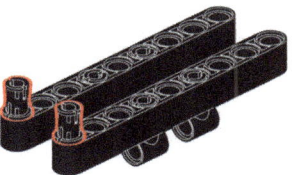

Pin 2L/ Ridge | Black | Qty.5

Y-DRIVE ASSEMBLY

STEP/ 009

 1x

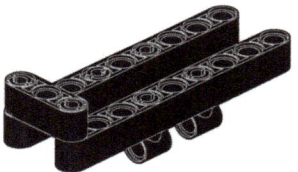

Liftarm 1x3/ Black | Qty. 1

Y-DRIVE ASSEMBLY

STEP/ 010

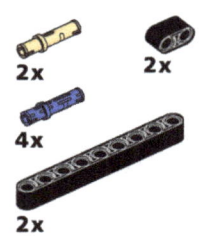

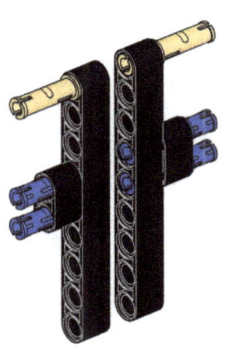

Liftarm 1x2/ Black | Qty.2
Pin 3L/ Ridge | Blue | Qty.4
Pin 3L/ Smooth | Tan | Qty.2
Liftarm 1x9/ Black | Qty.2

Y-DRIVE ASSEMBLY

STEP/ 011

Pin w/ Pin Hole Connector/ Black | Qty. 2

Pin 2L/ Smooth | LBGray | Qty. 2

Liftarm 1x9/ Black | Qty. 2

Y-DRIVE ASSEMBLY

STEP/ 012

Pin 3L/ Ridge | Blue | Qty.2
Liftarm 1x2/ Black | Qty.1

Y-DRIVE ASSEMBLY

STEP/ 013

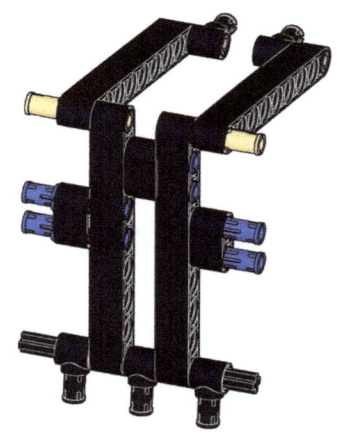

Pin w/ Pin Hole Connector/ Black | Qty. 3
Axle 7L/ Black | Qty. 1

Y-DRIVE ASSEMBLY

STEP/ 014

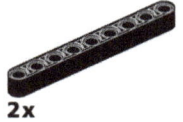
2x

Liftarm 1x9/ Black | Qty.2

Y-DRIVE ASSEMBLY

STEP/ 015

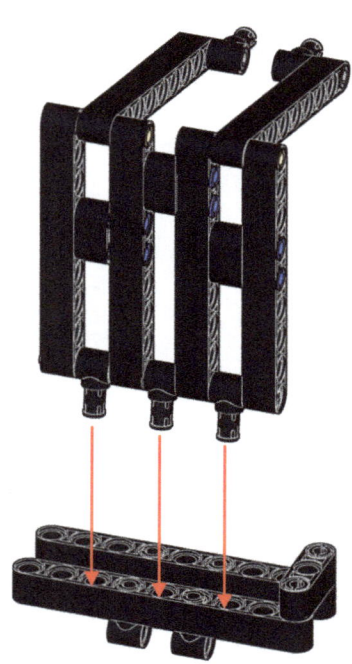

Y-DRIVE ASSEMBLY

STEP/ 016

2x

Pin 2L/ Ridge | Black | Qty.2

Y-DRIVE ASSEMBLY

STEP/ 017

1x

Liftarm 1x3/ Black | Qty. 1

Y-DRIVE ASSEMBLY

STEP/ 018

1 x
2 x

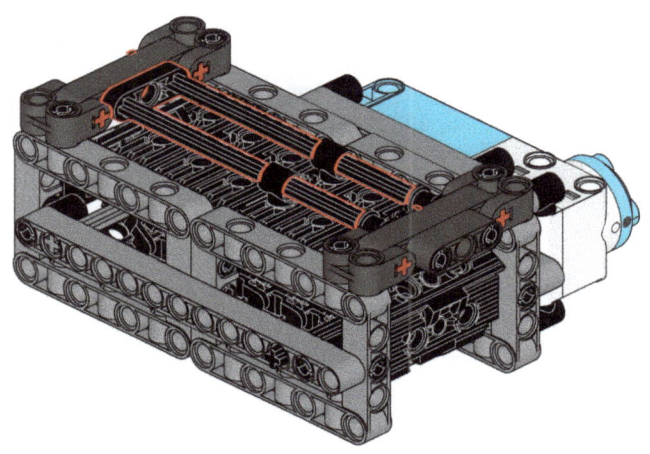

Liftarm Thin 1x3/ Black | Qty. 1
Axle 12L/ Black | Qty. 2

Y-DRIVE ASSEMBLY

STEP/ FIN

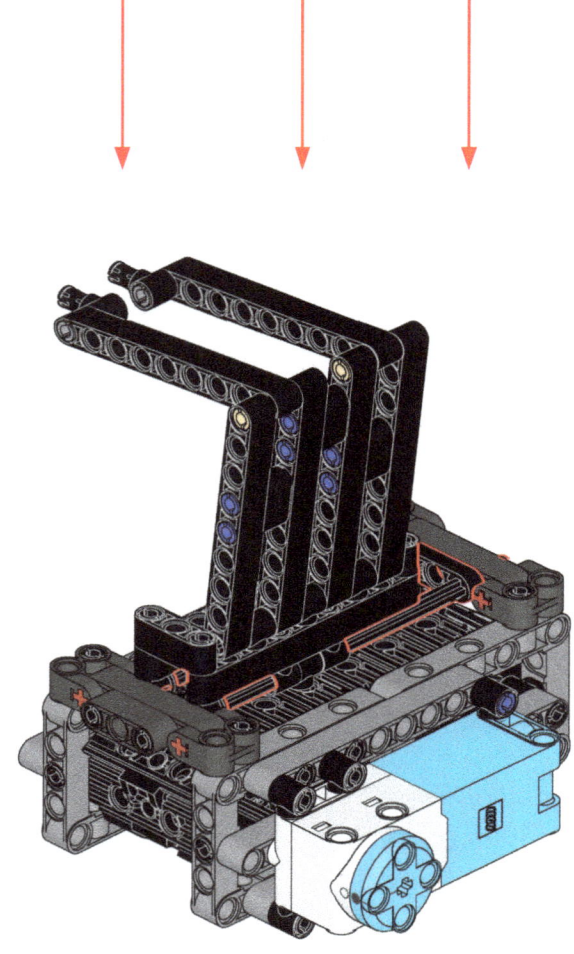

"Our greatest glory is not in never failing, but in rising every time we fall."

— Confucius

JIG ASSEMBLY

STEP/ 001

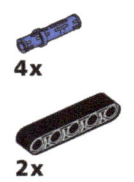
4x
2x

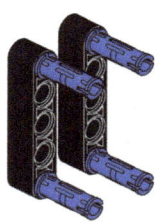

Pin 3L/ Ridge | Blue | Qty. 4
Liftarm 1x5/ Black | Qty. 2

JIG ASSEMBLY

STEP/ 002

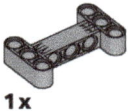
1x

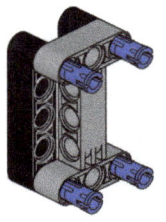

Liftarm H-Shape 3x5/ LBGray | Qty. 1

JIG ASSEMBLY

STEP/ 003

1x

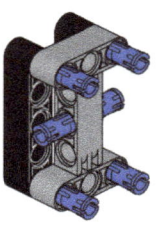

Pin 3L/ Ridge | Blue | Qty. 1

JIG ASSEMBLY

STEP/ 004

1x

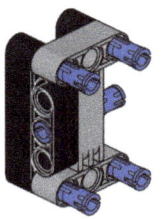

Liftarm 1x3/ Black | Qty. 1

JIG ASSEMBLY

STEP/ 005

2x

Liftarm 1x7/ Black | Qty.2

JIG ASSEMBLY

STEP/ 006

2x

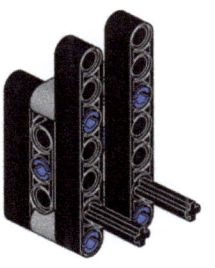

Axle 2L w/ Pin/ Ridge | Blue | Qty.2

JIG ASSEMBLY

STEP/ 007

1x

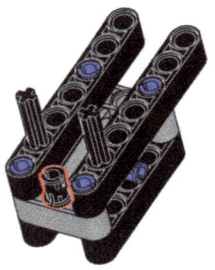

Pin 2L/ Ridge | Black | Qty. 1

JIG ASSEMBLY

STEP/ 008

1x

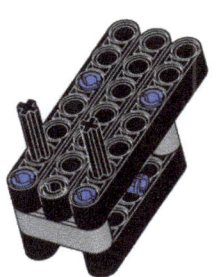

Liftarm 1x7/ Black | Qty. 1

JIG ASSEMBLY

STEP/ 009

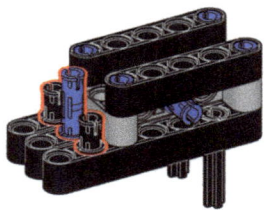

Pin 2L/ Ridge | Black | Qty. 2
Pin 3L/ Ridge | Blue | Qty. 1

JIG ASSEMBLY

STEP/ 010

 1x

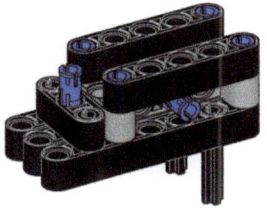

Liftarm 1x3/ Black | Qty. 1

JIG ASSEMBLY

STEP/ 011

1x

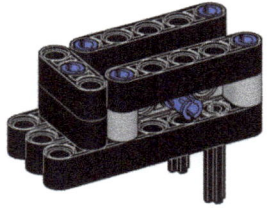

Liftarm 1x3/ Black | Qty. 1

JIG ASSEMBLY

STEP/ FIN

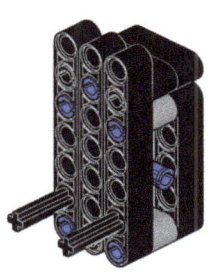

FINAL ASSEMBLY

STEP/ 001

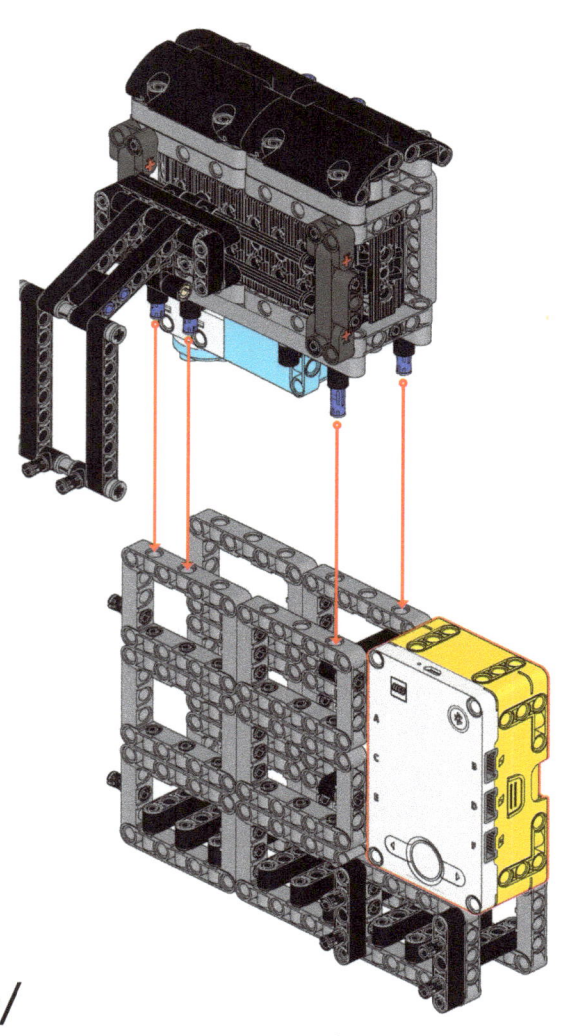

X-Drive Assembly/
Frame Assembly/

FINAL ASSEMBLY

STEP/ 002

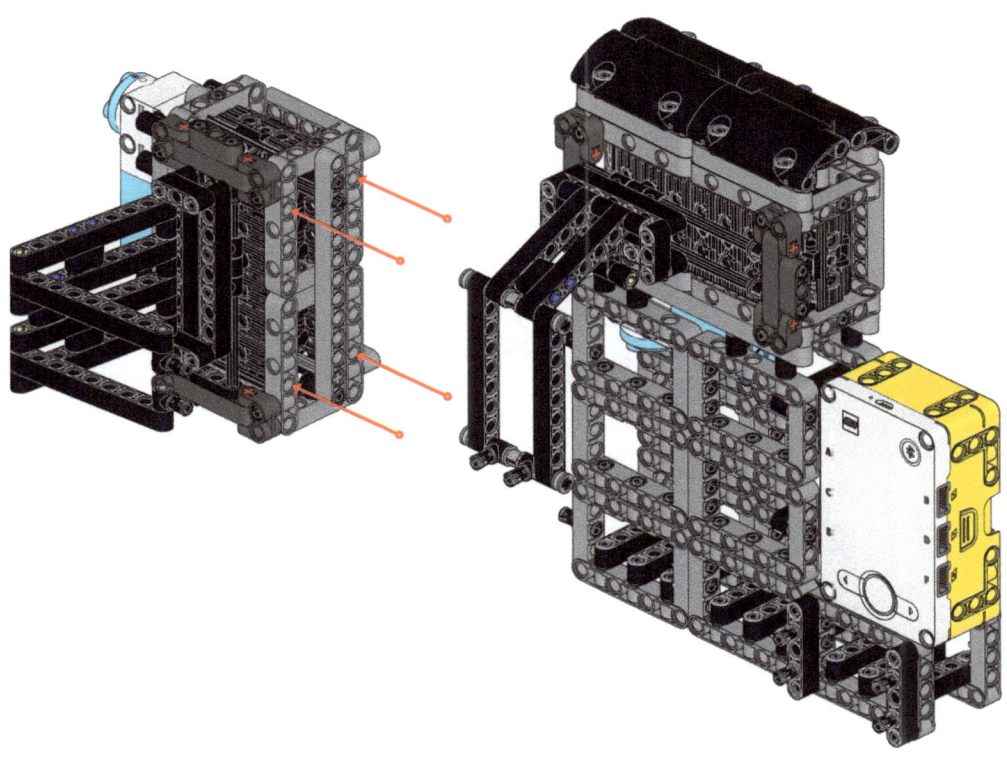

Y-Drive Assembly/

FINAL ASSEMBLY

STEP/ 003

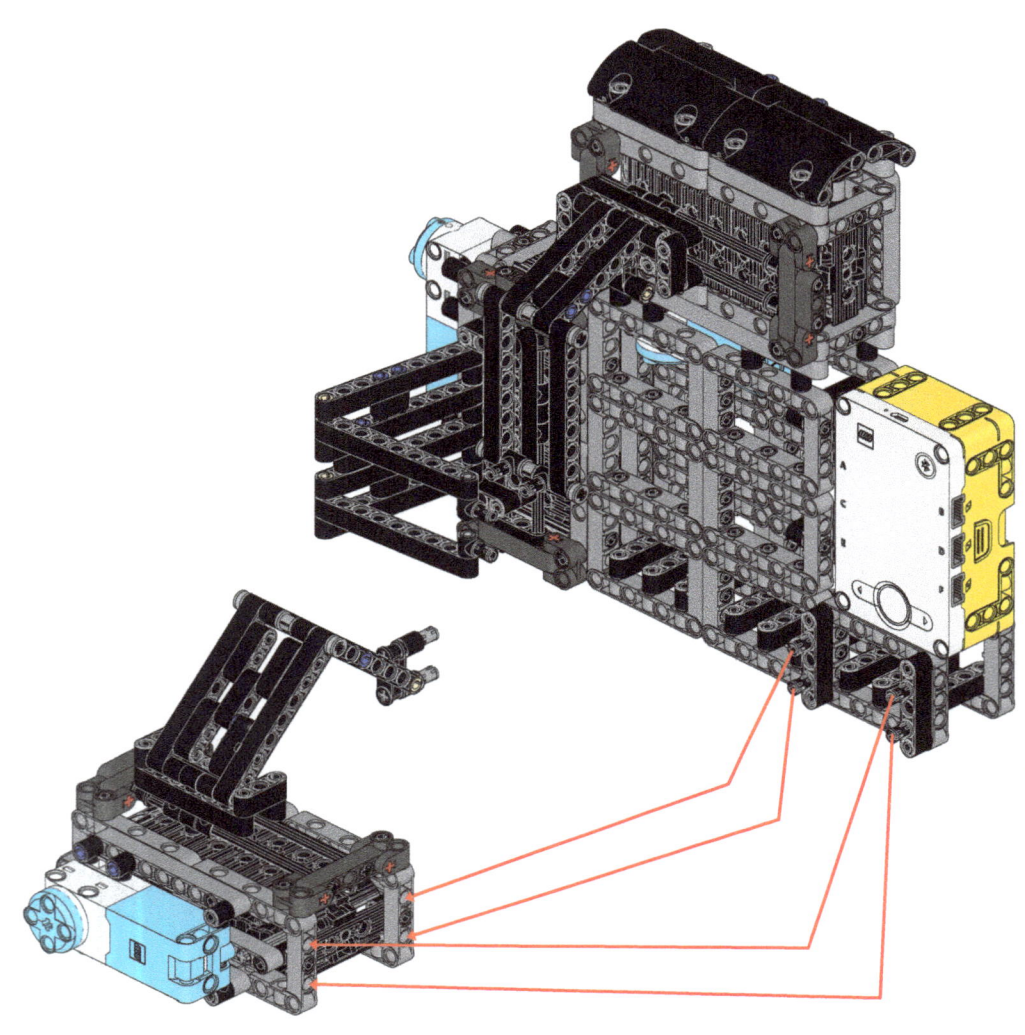

Z-Drive Assembly/

FINAL ASSEMBLY

STEP/ FIN

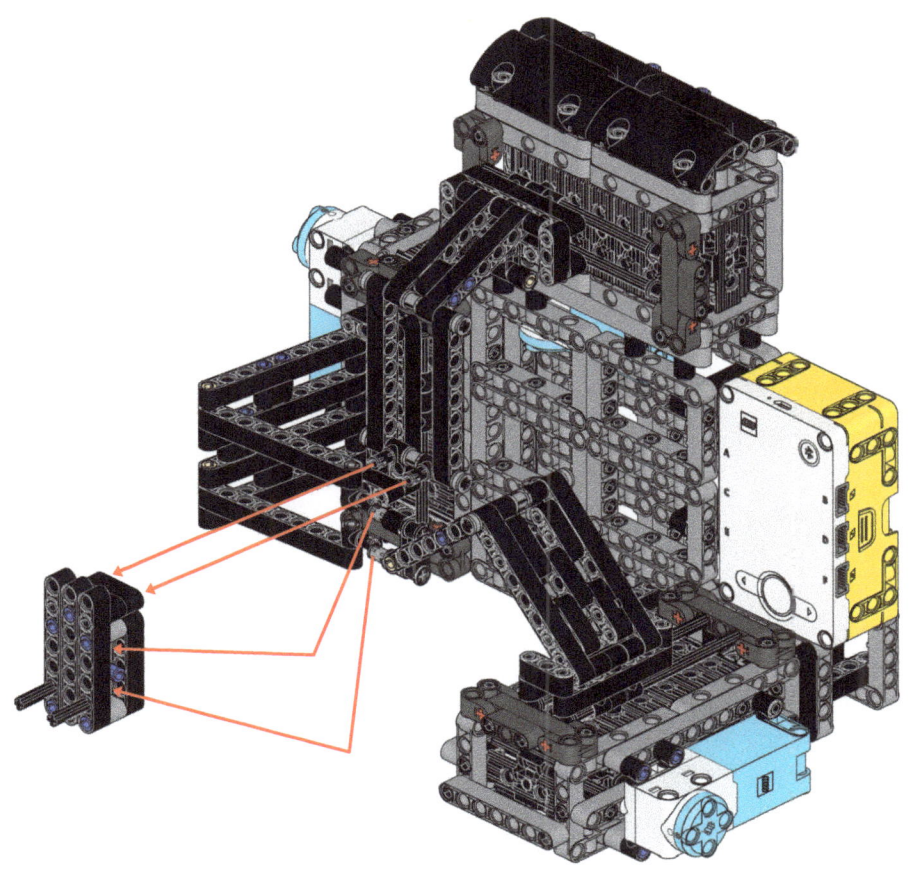

Jig Assembly/

BEAMS

9x // 41239
Light Bluish Gray

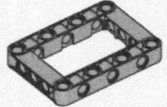
26x // 64179
Light Bluish Gray

4x // 40490
Light Bluish Gray

1x // 14720
Light Bluish Gray

16x // 40490
Black

15x // 32316
Black

7x // 32524
Light Bluish Gray

3x // 32523
Dark Bluish Gray

9x // 32524
Black

16x // 32523
Black

6x // 32316
Dark Bluish Gray

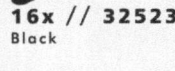
1x // 6632
Black

4x // 43857
Black

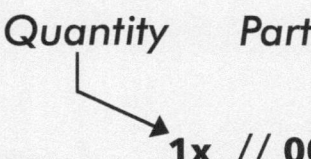

Quantity   *Part Number*

1x // 0001
Light Bluish Gray

Color

CONNECTORS

35x // 6558
Blue

2x // 11214
Light Bluish Gray

6x // 32054
Black

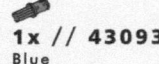
1x // 43093
Blue

2x // 18651
Black

12x // 32062
Red

4x // 32556
Tan

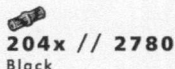
204x // 2780
Black

1x // 6536
Black

2x // 3673
Light Bluish Gray

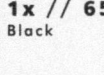
1x // 32184
Black

9x // 18654
Black

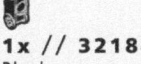
12x // 41678
Dark Bluish Gray

3x // 3713
Light Bluish Gray

63x // 15100
Black

6x // 4265c
Light Bluish Gray

MOTORS/ TECHNIC HUB

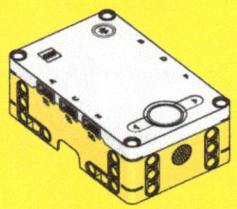
1x // bb1142c01
Yellow

3x // 54696c01
Medium Azure

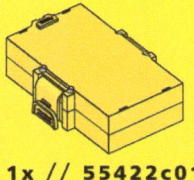
1x // 55422c01
Yellow

AXLES

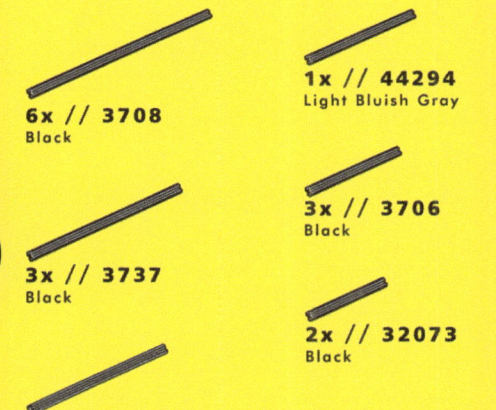

6x // 3708
Black

1x // 44294
Light Bluish Gray

3x // 3737
Black

3x // 3706
Black

2x // 32073
Black

3x // 60485
Light Bluish Gray

6x // 57520
Black

54x // 57518
Black

4x // 24119
Black

WHEELS/ PANELS

www.ingramcontent.com/pod-product-compliance
Lightning Source LLC
Chambersburg PA
CBHW040507110526
44587CB00046B/4300